"一带一路"工业文明

"THE BELT AND ROAD" INDUSTRIAL CIVILIZATION

"一带一路"工业文明

"THE BELT AND ROAD" INDUSTRIAL CIVILIZATION
INDUSTRIAL INFORMATION SECURITY

"一带一路"
工业文明

工业信息安全

尹丽波　汪礼俊　张　宇◎著

电子工业出版社
Publishing House of Electronics Industry
北京·BEIJING

"一带一路"工业文明丛书编委会

"一带一路"工业文明丛书专家指导委员会

主　任：朱师君　　周子学

副主任：王传臣　　高素梅

委　员：刘元春　　荆林波　　顾　强　　黄群慧
　　　　赵丽芬　　陈甬军　　谢　康　　崔　凡

"一带一路"工业文明丛书编写委员会

主　任：刘九如

副主任：赵晨阳　　秦绪军　　李芳芳

委　员（以下按姓氏拼音排名）：

白　羽	常兴国	陈宝国	陈秋燕	陈喜峰	陈秀法	陈　忠
崔敏利	董亚峰	樊大磊	葛　涛	郭　杨	国立波	郝洪蕾
何学洲	黄建平	黄丽华	江飞涛	蒋　峥	李富兵	李昊源
李宏宇	李　杰	李金叶	李　鹍	李　敏	李　娜	李　强
李　燕	李竹青	刘昌贤	刘红玉	刘静烨	柳树成	陆丰刚
陆俊卿	玛尔哈巴·马合苏提		孟　静	聂晴晴	秦海波	覃　松
任旺兵	尚星嗣	宋　涛	田　斌	王　博	王建忠	汪礼俊
王靓靓	王璐璐	王秋舒	王喜莎	王杨刚	吴　烨	肖忠东
谢世强	许朝凯	颜春凤	杨雅琴	尹丽波	张　骋	张冬杨
张英民	张　宇	张振芳	赵三英	朱　健	祝　捷	郑世林

作者简介

尹丽波

国家工业信息安全发展研究中心主任,高级工程师,工业信息安全产业发展联盟理事长。长期从事信息化和网络安全政策理论和技术产业研究,主持完成中央网信办、工信部、发改委等多个部委委托的重点项目,参与研制多项国家标准,主持完成的 2 项成果获得部级奖励,牵头编著《中国工业控制系统信息安全》等多部著作。

汪礼俊

国家工业信息安全发展研究中心对外合作研究中心主任。长期从事信息化、智慧城市、国际合作等领域相关工作,主持多项省部级研究项目,在《中国软科学》《中国信息界》等刊物发表各类学术论文和专业文章 100 余篇。

张宇

国家工业信息安全发展研究中心对外合作研究中心主任助理,高级工程师。从事智慧城市、工业信息安全、国际合作等领域相关工作,主持承担多项研究课题,在《中国软科学》《上海信息化》等刊物发表专业文章数十篇。

Preface
总序

  2013年9月和10月，习近平主席先后提出了共建"丝绸之路经济带"和"21世纪海上丝绸之路"的宏伟构想，这一构想跨越时空，赋予了古老的丝绸之路以崭新的时代内涵，得到了国际社会的高度关注。"一带一路"倡议是涵盖几十亿人口、惠及60多个国家的重大决策，是统筹国内国际两个大局、顺应地区和全球合作潮流、契合沿线国家和地区发展需要的宏伟构想，是促进沿线各国加强合作、共克时艰、共谋发展的伟大倡议，具有深刻的时代背景和深远的历史意义。

  "一带一路"倡议提出以来，引起了世界各国的广泛共鸣，共商、共建、共享的和平发展、共同发展理念不胫而走，沿线60多个国家响应参与，将"一带一路"倡议与他们各自的发展战略积极对接，为打造利益共同体、责任共同体和人类命运共同体这个终极目标共同努力。

  "一带一路"倡议作为增加经济社会发展新动力的新起点，适应经济发展新常态、转变经济发展方式的新起点，同世界深度互动、向世界深度开放的新起点，为我国更好地、更持续地走向世界、融入世界，开辟了崭新路径。首先，"一带一路"倡议其重要的特征之一就是"合作"，而工业作为最重要的合作方向，决定着沿线各国经济现代化的速度、规模和水平，在各国的国民经济中起着主导作用。"一带一路"建设将依托沿线国家基础设施的互联互通，对贸易和生产要素进行优化配置，为各国工业能力的持续发展提供出路。其次，"了解"和"理解"是合作的前提和关键，因此，对"一带一路"沿线各国工业生产要素、工业发展、特色产业、产业政策的理解和了解，对沿线各国的工业发展、产业转型升级及国际产能合作有着重要意义。

  为了传承"一带一路"工业文明，加强"一带一路"国家和地区间的相互了解和理解，促进"一带一路"国家和地区的交流合作；为了让中国企业系统了解"一带一路"国家和地区的工业发展和产业特色，并挖掘合作机遇，助推中国企业"走出去"，使"一带一路"伟大构想顺利实施，在工业和信息化部的支持下，电子工业出版社组织行业管理部门及专家实施编写"一带一路"工业文明丛书。

"一带一路"工业文明丛书以"一带一路"沿线国家和地区的工业发展、产业特色、资源、能源等为主要内容,从横向(专题篇)和纵向(地域篇)两条主线分别介绍"一带一路"沿线国家和地区的整体状况,直接促进世界对"一带一路"沿线国家和地区的了解。其中,丛书横向从工业发展、产能合作、资源融通、能源合作、环境共护、中国制造、工业信息安全等方面展开介绍,探讨"一带一路"沿线国家和地区的横向联系及协调发展;纵向选择古丝绸之路经过、当前与中国有深入合作、未来与中国有进一步合作意向的地区和国家为研究对象,深入介绍其经济、工业、交通、基础设施、能源、重点产业等状况,挖掘其工业、产业发展现状和机遇,为创造世界范围内跨度较大的经济合作带和具有发展潜力的经济大走廊提供参考性窗口。

"一带一路"工业文明丛书以政府"宏观"视角、产业"中观"视角和企业"微观"视角为切入点,具有重大创新性;以"一带一路"工业文明为出发点,具有深远的现实意义。丛书分领域、分地区重点阐述,抓住了工业文明的要义,希望通过对"一带一路"沿线国家和地区工业文明脉络、产业发展特点和资源禀赋情况的分析,为国内优势企业挖掘"一带一路"沿线国家和地区的合作机遇提供参考,为促进国内特色产业"走出去"提供指导,为解决内需和外需矛盾提供依据,为"中国制造2025"的顺利实施提供保障。

"一带一路"工业文明丛书立足于工业,重点介绍"一带一路"沿线国家和地区的产业需求和工业发展;同时,密切跟踪我国工业发展中的新趋势、新业态、新模式与"一带一路"的联系,并针对这些领域进行全面阐述。丛书致力于将国内资源、能源、工业发展、产能等现状和沿线国家特定需求紧密结合,立足高远,定位清晰,具有重大战略意义和现实意义。

Preface
序

工业革命以来，大规模生产带来了各类生产事故，安全的重要性凸显，工业安全即成为一门学科受到重视，直到互联网的出现，人们认识到工业安全与信息紧密关联，将工业安全放到赛博空间中认真审视。

近年来，随着信息化和工业化融合的不断深入，工业控制系统从单机走向互联、从封闭走向开放、从自动化走向智能化；在生产力显著提高的同时，工业领域也面临着日益严峻的信息安全威胁，已成为推动"中国制造2025"实施必须解决的问题，而且工业领域中的信息安全事件与威胁已经严重影响到经济安全，甚至是国家安全与社会稳定。工业信息安全是制造业与互联网融合发展的基础。党中央、国务院高度重视信息安全问题，强调安全和发展要同步推进。

关于工业信息安全，目前还没有权威和共识的定义，可以理解工业信息安全是指生产及服务运行全产业链中的信息安全，涉及工业领域各个环节，包括工业控制系统安全、企业管理系统安全、工业供应链安全、工业互联网安全、工业大数据安全、工业云安全、工业电子商务安全、关键信息基础设施安全等领域。

工业安全事件的影响往往超越一个企业的范畴，在全球化的今天，工业信息安全事件的影响也不会限于一个国家，因此，工业信息安全也须顺应大势，倡导国际技术合作，携手抵御恐怖主义、极端主义的网络袭击，努力营造共建共享的安全大格局。

尹丽波和汪礼俊、张宇合著的《"一带一路"工业文明——工业信息安全》一书，通览全球工业信息安全局势，对一些国家工业信息安全给出了不同视角的描绘，为我们清晰地呈现了全球工业信息安全百态，从新的维度阐释了工业信息安全。全书内容丰富、条理清晰、通俗易懂，对保障工业信息安全既有经验可供借鉴，对未来的发展也有指导意义。值此书付梓之际，谨以此序与读者互勉，着力安全兴业，唯愿制造更强，祝"一带一路"共谱华章。

中国工程院院士、中国互联网协会理事长

2018年8月于北京

Foreword 前言

随着互联网、物联网、云计算、人工智能等信息技术对工业领域的不断渗透，数据与生产过程深度融合，针对工业设施与产品的安全事件频繁出现，工业领域俨然成为信息安全、网络安全的又一个主战场。这种日益复杂严峻的安全态势吸引了世界的目光，特别是继乌克兰电网事件后，各国深刻认识到黑客攻击、网络病毒给工业系统和关键基础设施带来的危害，纷纷加紧战略布局，加大安全投入。党中央、国务院高度重视信息安全问题，着力科学构建工业信息安全战略布局，以《中华人民共和国网络安全法》为基础，出台了一系列政策法规、战略规划，强化企业的安全主体责任，明确工业信息安全工作的方向和目标。可以说，在我们轰轰烈烈向制造强国、网络强国迈进之际，工业信息安全已然成为推动"中国制造2025"的重要保障，是国家总体安全观的重要组成部分。

纵览全球工业信息安全形势，立足"一带一路"沿线国家工业信息安全现状，这部《"一带一路"工业文明——工业信息安全》，大概是国内首部全面系统分析工业信息安全及国际合作的一本书，该书以打造工业信息安全领域"命运共同体"为主旨，从国家安全、产业发展、创新动力、开放合作、文明发展五大维度，阐述"一带一路"工业信息安全的发展，以及我国开展共建、共商、共享的努力。

本书数易其稿，有幸得到了田启家、孔田平等老师，以及同事李强、褚玉妍等的大力帮助，在此一并表示感谢。因水平有限，时间仓促，必有疏漏甚至错误之处，加之工业信息安全是个不断演化、不断推陈出新的领域，故难以全面企及，还望读者不吝指正。

尹丽波
2018年3月于北京

Contents
目录

第一篇　未雨绸缪　休戚与共——打造工业信息安全命运共同体

第一章　"虚"与"实" ——— 003
第一节　"融合"势不可挡 / 003
第二节　新工业体系之殇 / 007

第二章　"矛"与"盾" ——— 013
第一节　唾手可得的"矛" / 013
第二节　不够坚固的"盾" / 017

第三章　"独"与"合" ——— 021
第一节　新一轮的"大国博弈" / 021
第二节　百花齐放春满园 / 027

第二篇　安以兴邦——和平之路的稳定锚

第四章　瞬息万变的威胁 ——— 031
第一节　战争新维度 / 031
第二节　"世界工控元年"危机 / 034
第三节　攻击重灾区 / 038

第五章
表里相济

第一节　再见桃花源 / 041
第二节　安全不脱节 / 044
第三节　威胁集中地 / 046

第六章
投石探路

第一节　三人行，必有我师 / 055
第二节　见贤思齐 / 059
第三节　和衷共济 / 062

第七章
众行致远

第一节　构筑，1+1>>2 / 065
第二节　纵横，铜墙与铁壁 / 067
第三节　度法，借鉴与存异 / 069

第三篇　以"小"撬"大"——繁荣之路的发动机

第八章
盛世之途

第一节　经济之本 / 073
第二节　"黑产"之痛 / 076
第三节　寻回失落的"马掌钉" / 079

Contents
目录

第九章
尺水兴波 …… 083

第一节　聚沙，凝力以成塔 / 083
第二节　资本，撬动的杠杆 / 086

第十章
独行快，众行远 …… 091

第一节　因势与利导 / 091
第二节　独乐与众乐 / 094

第四篇　擎旗弄潮——创新之路的新动力

第十一章
活水源头 …… 099

第一节　创新，原动力 / 099
第二节　先行，有突破 / 101
第三节　行动，在路上 / 111

第十二章
清流汩汩 …… 121

第一节　高技术，有防护 / 121
第二节　小企业，大作为 / 128

第十三章
方兴未艾

第一节　面对，不可预知的未来 / 145
第二节　这个世界，从不故步自封 / 147

第五篇　尚和合，求大同——开放之路的先行军

第十四章
守望相助

第一节　暗箭袭，欲何往 / 151
第二节　共携手，谋发展 / 160

第十五章
穿云破雾

第一节　挥之不去的"梦魇" / 169
第二节　自主自强，守土有责 / 177

第十六章
掷地有"声"

第一节　打铁，还须自身硬 / 181
第二节　针对，有的放矢为正途 / 182

Contents 目录

第六篇　义利相兼，以义为先——文明之路的守卫者

第十七章　从工业文明到信息文明 — 187
第一节　正在蜕变的文明进化 / 187
第二节　裸弈时代的"保护伞" / 189

第十八章　安全博弈下的以人为本 — 193
第一节　人与人的对抗 / 193
第二节　九层之台，起于累土 / 197

第十九章　从责任担当到命运共同体 — 203
第一节　乱云飞渡仍从容 / 203
第二节　大道之行，天下为公 / 206

附录1　2017年全球创新指数GII指标体系结构 — 209

附录2　2017年国际网络安全企业融资与收购案 — 211

附录 3

2017 年全球网络安全创新 500 强名单（前 100 名） ———————— 214

附录 4

全球著名机构关于 2018 年工业信息安全预测 ———————— 217

附录 5

2016 年全球工业信息安全大事记 ———————— 230

参考文献 ———————— 252

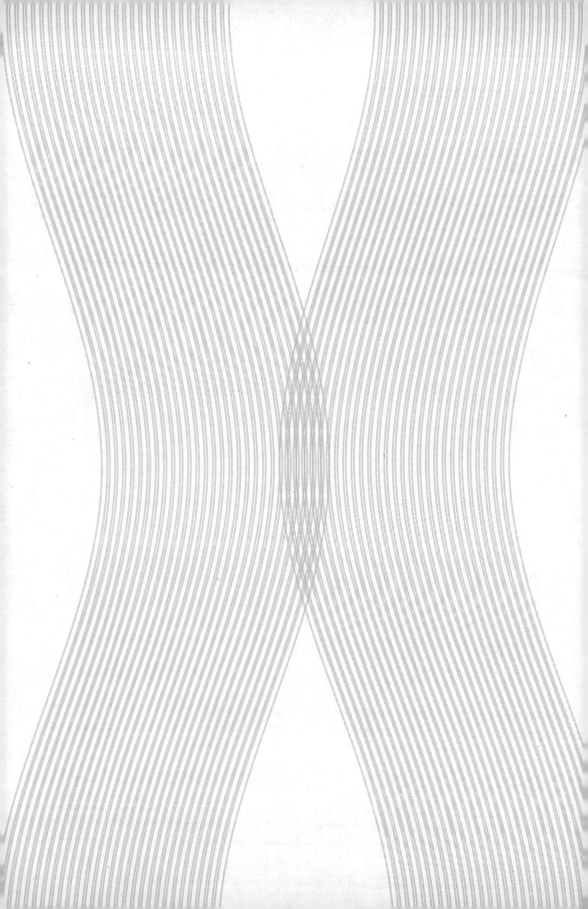

第一篇

未雨绸缪　休戚与共
——打造工业信息安全命运共同体

> 君子之学如蜕，幡然迁之。故其行效，其立效，其坐效。其置颜色、出辞气效。无留善，无宿问。善学者尽其理，善行者究其难。
>
> ——《荀子·大略》

漫漫丝绸路，悠悠驼铃声。一千多年前，商人、传教士、托钵僧及军人在这条后来被称作"丝绸之路"的中亚通道的巨大网络里不断穿梭、旅行，传递着欧亚大陆璀璨的文明。一千年后，"一带一路"倡议提出，丝绸之路精神续写新篇，和平之路、繁荣之路、开放之路、创新之路、文明之路的愿景得以呈现于世人面前，联通新时代的文明成果使丝绸之路焕发生机。工业作为经济社会发展的核心动力源，在其中发挥着无以比拟的重要作用。2017年"一带一路"国际合作高峰论坛上，习近平总书记提出，"产业是经济之本。我们要深入开展产业合作，推动各国产业发展规划相互兼容、相互促进，抓好大项目建设，加强国际产能和装备制造合作，抓住新工业革命的发展新机遇，培育新业态，保持经济增长活力。"

安全是互信的基础。在古代丝绸之路，产品安全可信、童叟无欺才能做大、做强、贸易往来。而现如今的"一带一路"产能合作，仅仅做到产品安全已无法满足合作需求，覆盖全球的产业链、价值链让生产安全、设施安全等领域安全风险不再局限于一个企业、一个国家。特别是随着新一代信息技术引发第四次工业革命，工业体系数字化、网络化、智能化水平不断提升，工业领域信息安全威胁已经严重影响国家安全，成为各国需要协力共同面对的重大风险。

2011年，《中国的和平发展》白皮书首次提出"命运共同体"的概念，2017年10月18日，习近平总书记在党的十九大报告中强调，"坚持和平发展道路，推动构建人类命运共同体。"我们要在"一带一路"倡议框架下，在"和平合作、开放包容、互学互鉴、互利共赢"精神指导下，携手共建"一带一路"工业信息安全命运共同体，共同应对重大安全风险，全面提升"一带一路"工业信息安全能力。

第一章 "虚"与"实"

随着网络空间与实体空间的结合越来越紧密,互联网、物联网、云计算等信息技术对工业生产活动不断渗透,网络攻击也从虚拟空间走向了实体空间,针对工业设备、工业系统、国家关键信息基础设施的网络攻击越来越频繁,对各国经济乃至国家安全造成严重影响,成为新时代工业体系面临的重大风险。

第一节

"融合"势不可挡

1969年10月29日,加州大学洛杉矶分校的本科生查理与位于硅谷的斯坦福研究所的比尔要把一台SDS Sigma 7主机与相距500多千米的SDS 940主机对接起来。具体地说,就是从UCLA的主机上登录到SRI的主机上。那时登录主机是要输入Login这个单词的。查理在键盘上打了字母L以后,马上问电话中的比尔:"你收到L了吗?""收到。"比尔说。查理输入了字母O后又问道,"看到O了吗?""是的,看到了。"查理回答。然后,查理在键盘上敲了字母G,系统崩溃了……这就是历史上第一次通过网络实现计算机对计算机的通信。到了12月5日,一个由4个节点组成的网络形成了,这是由美国国防部支持开发的ARPANET,是世界公认的互联网起源(见

图1-1）。到了20世纪90年代，ARPANET使命告终，网络的发展从军用转为民用，一个崭新的网络时代来临。互联网这个新生事物不停地创造着崭新的商业模式，改变着人们的生活习惯，给人们无限的想象空间，逐渐形成了一个现实世界之外的新的世界，美国将其称作继海、陆、空、天之后的第五空间。

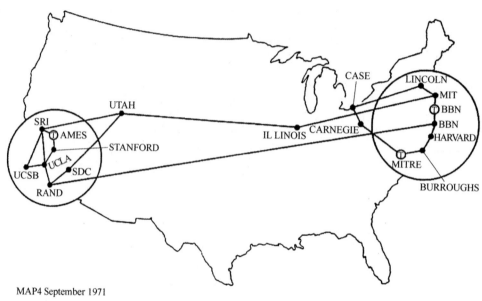

图1-1 1971年9月的ARPANET

2008年，国际金融危机的爆发使全球虚拟经济膨胀所带来的风险暴露无遗。各国为走出危机，更多依赖于货币及财政政策刺激，但这些刺激政策不可持续，全球各国都意识到需要创新，需要新的引领性的产业带动世界经济走出危机。制造业这个由于高能耗、高污染、低利润被抛弃的实业再次成为各国转变发展方式、形成核心竞争力的重要抓手。2009—2012年，美国《重振美国制造业框架》《制造业促进法案》《先进制造业伙伴计划》《先进制造业国家战略计划》相继启动，剑指制造业重振；欧洲"欧盟2020战略"提出了"智能增长"；德国提出了"工业4.0"战略；日本的"日本再兴战略"成为"安倍经济学"第三只箭的重要内容……在全球范围内，制造业回归成为不可阻挡的潮流。

但是，这一轮制造业回归并非原有东西的重复，不能简单将其理解为"再工业化",而是有一个质的飞跃,它将市场供需通过网络技术连接起来,供需更加紧密,产能的控制、技术的提高、成本的优化,都通过网络黏合在一起,这将在很大程度上改变制造业的生产方式及个人的消费模式。因此,有学者提出,这是继蒸汽技术革命(第一次工业革命)、电力技术革命(第二次工业革命)、信息技术革命(第三次工业革命)之后的第四次工业革命,即以互联网产业化、工业智能化、工业一体化为代表,以人工智能、清洁能源、无人控制技术、量子信息技术、虚拟现实及生物技术为主的全新技术革命。在这次革命中,信息化与工业化的深度融合是其核心内涵,制造业与互联网的深度融合是其关键特征(见表1-1)。

表1-1 主要国家制造业与互联网融合相关政策

国家	政策名称	时间	政策目标
美国	"再工业化"计划	2009年	发展先进制造业,实现制造业的智能化,保持美国制造业价值链上的高端位置和全球控制者地位
德国	"工业4.0"战略	2013年	由分布式、组合式的工业制造单元模块,通过组件多组合、智能化的工业制造系统,应对以制造为主导的第四次工业革命
日本	"新机器人战略"计划	2015年	通过科技和服务创造新价值,以"智能制造系统"作为该计划核心理念,促进日本经济的持续增长,应对全球大竞争时代
英国	"高价值制造"战略	2014年	应用智能化技术和专业知识,以创造力带来持续增长和高经济价值潜力的产品、生产过程和相关服务,达到重振英国制造业的目标
韩国	"新增长动力规划及发展战略"	2009年	确定三大领域17个产业为发展重点推进数字化工业设计和制造业数字化协作建设,加强对智能制造基础开发的支持
印度	"印度制造"计划	2014年	以基础设施建设、制造业和智慧城市为经济改革战略的三根支柱,通过智能制造技术的广泛应用将印度打造成新的"全球制造中心"
法国	"新工业法国"	2013年	通过创新重塑工业实力
中国	"中国制造2025"	2015年	通过"三步走"实现制造强国的战略目标

资料来源:伙伴产业研究院(PAISI)。

全球各地纷纷推进制造业与互联网深度融合,网络空间与工业物理空间逐渐融为一体,据国家工业信息安全发展研究中心不完全统计,截至2017年上半年,全球超9万个工控系统连接在互联网上,广泛应用于工业制造、能源、市政等重要领域。

全球制造业的三大巨头分别提出了3个概念,以推动融合发展。美国率先提出"工业互联网"的概念,旨在将互联网理念和技术延伸到工业制造领域,实现工业系统和设备的智能化。德国最先提出"工业 4.0"的概念,依托互联网等新一代信息技术,使自动化向着数字化、信息化的方向发展,着力打造智能化制造,实现"智能生产"和"智能工厂"。我国提出"互联网+先进制造业"的概念,旨在推动先进制造业和互联网的深度融合。

尽管"工业互联网""工业 4.0""互联网+先进制造业"的概念出发点各有侧重,但其内涵和外延存在一致性。

一是根本目的均为实现生产制造智能化。"工业互联网""工业 4.0""互联网+先进制造业"尽管实现的手段和方式存在差异,但均通过新信息技术和工业发展相结合,推动制造业向着数字化、网络化和智能化的方向发展,使生产制造和服务模式发生根本性改变。"工业互联网"将互联网融合在工业生产的设计、研发、制造、营销、服务等各个阶段,以提高工业设备和系统的运行效率。"工业 4.0"把信息互联技术与传统工业制造相结合,侧重于将生产过程和工厂向智能化转变,实现资源优化配置,以提高资源利用率。"互联网+先进制造业"以互联网平台为基础,利用新一代信息通信技术,改造我国传统制造业的生产模式,打造智能化的生产。

二是实现路径均以推动产学研多方联动为重点。美国通用电气将"工业互联网"定义为,利用网络化的传感器和软件打通物理设备和机器。随后,美国 IT 界和工业界联合成立了工业互联网联盟,作为联盟成员的通用电气、AT&T、IBM、思科和英特尔等企业,联合政府和研究机构对工业互联网复杂问题进行深入研究,积极推动产业应用和成果转化。同时,美国政府为"先进制造"工程提供 20 亿美元的资金,支持工业互联网领域的研究活动。德国"工业 4.0"由德国国家研究机构、行业协会和工业企业共同发起,并将其列入国家未来的一项发展战略。德国政府联合研究机构出资 2 亿欧元,支持新一代工业领域技术革命的研发与创新,确保其成为新一代智能制造的主导力量,维持其在全球制造业市场的领导地位,塑造其在国际上的竞争优势。根据制造大国和网络大国的基本国情,我国提出发展"互联网+先进制造业",旨在推动新一代信息技术与现代制造业结合,将互联网的创新成果应用在制造业生产过程中,通过政府积极引导,研究机构和行业组织多方联动,工业主体广泛参与,形成政产学研用一体化发展模式,促进新信息技术与工业制造结合,打造我国工业发展新形态,提升我国实体经济的创新力和生产力。

总体来说，三大概念的核心都是改变现存的生产制造和服务模式，最终实现互联网和工业的深度融合，实现智能制造。

与此同时，随着互联网对经济社会的不断渗透，国家关键信息基础设施也在向网络化、智能化方向发展，逐渐与现代工业体系融合，如公共通信、广播电视传输等基础信息网络，能源、金融、交通、教育、科研、水利、工业、医疗卫生、社会保障、公用事业等领域和国家机关的重要信息系统，重要互联网应用系统等关系国家安全、国计民生、公共利益的信息设施。

第二节

新工业体系之殇

工业系统数字化、网络化、智能化发展大大提升了工业效率，增加了工业产值和实力，据通用电气公司预测，未来20年，工业互联网将使工业企业效率提高20%、成本下降20%、能耗下降10%，可能为全球GDP增加10万亿～15万亿美元。麦肯锡全球研究所估计，到2025年，每年的经济影响将达到2.7万亿～6.2万亿美元。

但是，随着传统的工业系统逐步走向互联，高度集中化的操作模式给不同的工业行业带来了重大安全隐患。操作技术（OT）可以通过硬件或软件检测或直接监测/控制物理设备、过程和事件变化，OT与IT在工业生产控制、关键资产管理、物流等过程的高度整合和智能化，是组织机构需要的最佳供应链管理模式；同样，也成了网络犯罪分子的主要目标。在很多组织机构中，安全防护不够的OT基础设施是最易受网络攻击的部分，而且它们的IT解决方案根本不能适应控制系统，如SCADA。除此之外，一些新兴技术，如云计算、大数据分析、物联网使今天的组织机构面临更多、更复杂的安全挑战。简单地说，工控行业集中化给网络生态系统引入了全新的、未知的漏洞。

专栏 工业控制系统的发展历史

伴随着电子计算机与现代通信网络的发展，工业控制系统在几十年之内已经完成了多次更新换代。

第一次：从20世纪50年代开始，工业控制系统开始由之前的气动、电动单元组合式模拟仪表，手动控制系统升级为使用模拟回路的反馈控制器，形成了使用计算机的集中式工业控制系统。

第二次：大约在20世纪60年代，工业控制系统开始由计算机集中控制系统升级为集中式数字控制系统。系统中的模拟控制电路开始逐步更换为数字控制电路，并且完成继电器到可编程逻辑控制器的全面替换。由于系统的全面数字化，工业控制系统使用更为先进的控制算法与协调控制，从而发生了质的飞跃；但由于集中控制系统直接面向控制对象，所以在集中控制的同时也集中了风险。

第三次：20世纪70年代中期，由于工业设备大型化、工艺流程连续性要求增加及工艺参数控制量的增多，已经普及的组合仪表显示已经不能满足工业控制系统的需求。集中式数字控制系统逐渐被离散式控制系统取代。大量的中央控制室开始使用CRT显示器对系统状态进行监视。越来越多的行业开始使用最新的离散式控制系统，包括炼油、石化、化工、电力、轻工及市政工程。

第四次：20世纪90年代后期，集计算机技术、网络技术与控制技术为一体的全分散、全数字、全开放的工业控制系统——现场总线控制系统（FCS）应运而生。相比之前的分布式控制系统，现场总线控制系统具有更高的可靠性、更强的功能、更灵活的结构、对控制现场更强的适应性及更加开放的标准。

由于技术的快速发展，现代工业控制系统的安全问题越来越复杂，面临的风险及威胁类型也越来越多，包括黑客、间谍软件、钓鱼软件、恶意软件、内部威胁、垃圾信息及工业间谍等。上述风险与威胁针对工业控制系统的攻击方式也各不相同，有的专门攻击工业控制系统本身的漏洞，有的希望通过入侵工业控制系统所使用的通信网络（包括软件及硬件）获取相关利益。由于工业控制系统管理着大量的国家基础设施，其安全性与可靠性对社会发展及国家安全极其重要，可以断言，在未来相当长时间里，工业控制系统的安全策略与防护措施将持续受到关注。

其实，伴随着工业控制系统数字化，针对工业系统的信息安全攻击就不曾间断，但由于当时的工业体系仍然是一个封闭的王国，信息安全问题并没有受到足够的重视。2010年9月，伊朗核设施突然遭到来源不明的网络病毒攻击，给全球敲响了警钟，让各国政府认识到工业体系并非固若金汤，像核工业这样封闭的设施都会遭到网络攻击，但这仅仅在工业圈里造成了一定的影响，还没有引起社会的广泛关注。

2015年12月23日，乌克兰电力系统遭受黑客攻击导致伊万诺—弗兰科夫斯克地区大面积停电数小时，全球为之哗然，社会各界终于发现工业信息安全不再是工业圈自己的事情，针对能源、市政、交通、医疗等关键信息基础设施领域的网络安全攻击与人民生活息息相关。

专栏　让城市陷入黑暗

2015年12月23日，乌克兰电力部门遭受到恶意代码攻击，乌克兰新闻媒体TSN24日报道称："至少有3个电力区域被攻击，并于当地时间15时左右导致了数小时的停电事故；""攻击者入侵了监控管理系统，超过一半的地区和部分伊万诺—弗兰科夫斯克地区断电几个小时。"

Kyivoblenergo电力公司发布公告称："公司因遭到入侵，导致7个

110kV 的变电站和 23 个 35kV 的变电站出现故障，导致 8 万用户断电。"

安全公司 ESET 在 2016 年 1 月 3 日最早披露了本次事件的相关恶意代码，表示乌克兰电力部门感染的是恶意代码 BlackEnergy（黑色能量），BlackEnergy 被当作后门使用，并释放了 KillDisk 破坏数据来延缓系统的恢复。同时，在其他服务器还发现一个添加后门的 SSH 程序，攻击者可以根据内置密码随时连入受感染主机。BlackEnergy 曾经在 2014 年被黑客团队"沙虫"用于攻击欧美 SCADA 工控系统。随后，研究人员发现了一系列针对乌克兰的攻击事件：2016 年 1 月 15 日，根据 CERT-UA 的消息，乌克兰最大机场基辅鲍里斯波尔机场网络遭受 BlackEnergy 攻击；2016 年 1 月 28 日，卡巴斯基的分析师发现了针对乌克兰 STB 电视台攻击的 BlackEnergy 相关样本；2016 年 2 月 16 日，趋势科技安全专家在乌克兰一家矿业公司和铁路运营商的系统上发现了 BlackEnergy 和 KillDisk 样本。

之后，波兰航空公司地面操作系统被黑导致航班被迫取消、1400 多名乘客滞留，旧金山市政地铁系统感染勒索软件被迫免费开放，英国最大的 NHS 信托医院感染恶意软件导致电脑设备被迫离线，这一件件工业信息安全事件的纷纷出现，给人们敲响了警钟。据美国 ICS-CERT 监测数据显示，2016 年共发生 278 起工控信息安全事件，其中，针对关键基础设施的攻击占比达到 33%（见图 1-2）。信息安全已经成为新工业体系的重大短板，亟待探寻解决之道。

相较于传统信息安全，工业信息安全呈现出以下几个方面的特点。

（1）从风险来源来看，制造业与互联网的融合实现了全系统、全产业链和全生命周期的互联互通，"三多"特点加剧安全风险：一是接入的工业设备、系统、软件多，普遍存在安全漏洞，在线运行后补丁修复困难；二是使用的工业控制系统协议多，这些协议大多缺少安全机制，在泛在工业互联网环境下易被攻击破解；三是用户角色多，跨领域、跨系统的信息交互、协同操作频繁，带来新的安全风险。

（2）从隐患发现来看，工业信息安全牵扯面广、专业性强，工业信息安全隐患发现困难。目前，工业控制系统联网后，需要贯穿企业控制网、管理网、公共互联网，网络架构复杂，难以全面掌握安全现状、精准定位风险点。同时，由于工业行业特征明显、业务流程复杂、设备系统差异性大，隐患发现需要丰富的行业知识积累，技术门槛较高，难以及时发现并处置安全隐患导致工业信息安全被攻击的可能性大大增加。

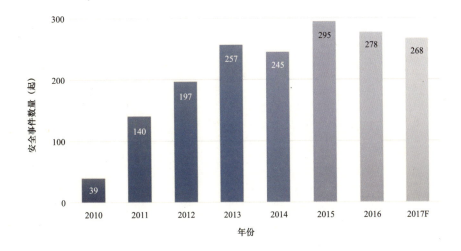

图1-2 美国ICS-CERT统计的工控信息安全事件数量

资料来源：美国ICS-CERT，国家工业信息安全发展研究中心分析整理。

（3）从安全防护来看，传统防护手段难以适用，新技术、新产品匮乏，工业控制系统整体安全防护能力严重不足。一是工业信息系统的业务、网络边界相对模糊，鉴权认证、安全隔离等传统防护措施难以实施；二是工业信息系统承载业务的连续性、实时性要求高，高强度加密、同态加密等措施难以适用，另外，工业数据流动方向和路径复杂，使单点、离散的数据保护措施不再实用；三是适应工业信息安全的新技术、新产品还处于研发期，产业支撑能力不足。

（4）从安全危害来看，工业信息安全事件造成的后果十分严重。工业互联网连接大量重点工业行业生产设备和系统，一旦遭受攻击，可直接造成物理设备损坏、生产停滞、经济损失，影响范围不仅是单个企业，更可延伸至整个产业生态，甚至国民经济亦可能受到重创，还可能引起人员伤亡。同时，工业数据涉及工业生产、设计、工艺、经营管理等敏感信息，保护不力将损害企业核心利益、影响行业发展，重要工业数据一旦出境还将导致国家利益受损，直接威胁国家安全。

本章小结

全球工业信息安全整体形势不容乐观。监测发现，暴露在互联网上的工业控制系统及设备数量不断增多，工控安全高危漏洞频现，针对工业控制系统实施网络攻击的门槛进一步降低，重大工业信息安全事件仍处于高发态势，波及能源、制造、医疗、通信、交通、市政等重要领域的关键信息基础设施。随着工业互联网、智能制造、物联网等各种创新应用不断发展和深入，工业控制系统互联互通的趋势愈加明显，与此同时也面临着前所未有的、复杂严峻的网络安全威胁，全球工业信息安全总体风险持续攀升。

第二章 "矛"与"盾"

任何事物都有两面性。信息技术为人类带来前所未有飞速发展的同时，也成为人类社会赖以发展的产业基础的梦魇，这是无论发达国家还是发展中国家都无法回避的。电网系统、能源系统、水利设施、核电设施等不断经历着攻击、瘫痪、查漏、防御这样的循环往复，工业信息安全已经从角落走到了聚光灯下。

第一节

唾手可得的"矛"

2015年12月27日，在美国黑帽安全技术大会（Black Hat Conference）上，Klick公司的工程师给大家展示了一款在PLC上运行的恶意软件，对象是西门子公司的SIMATIC S7-1200v3控制器，研究人员使用结构化文本语言开发了一个蠕虫病毒，他们利用PLC的一个通信特征实现代理服务，从一个设备传播到另一个设备，就这样，世界上首个无须借助PC等传统计算机终端便可实现在PLC之间传播的PLC蠕虫病毒（PLC-Blaster）问世（见图2-1）。现场专家表示，一旦被这个病毒感染的西门子装置联网，蠕虫病毒就会开始扫描其他类似系统的TCP端口102。如果确定了被扫描的PLC还没有被感染，蠕虫病毒会停止大约10秒,然后向目标设备发送自身代码,并再次启动针对每个可能的目标重复这个过程,工业系统的攻击变得越来越容易。另外,工业信息安全风险防护越来越困难,传统PC防火墙隔离已经无法在工业系统里面产生作用。

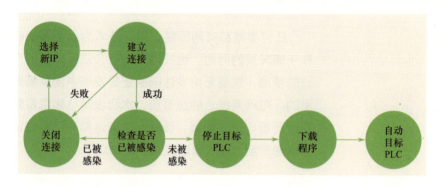

图2-1 西门子系统被攻击流程

而就绝大多数"一带一路"沿线国家、地区来说,其工业化水平不高,信息安全防护意识、手段、能力均较差,应对工业领域信息安全威胁的能力更加薄弱。

"黑客"一词源于1961年麻省理工学院(MIT)的技术模型铁路俱乐部,当时俱乐部成员们为修改功能而黑了他们的高科技列车组。然后,他们从玩具列车推进到了计算机领域,利用MIT晦涩难懂而又昂贵的IBM 704计算机进行创新、探索,创建新的范例,试图扩展计算机能够完成的任务。现在,黑客已经从一个相对隐秘、封闭的小团体,发展成为社会大众普遍认知的一个社会角色,但黑客入侵的重点还是在社会应用、个人隐私方面,以及政府、银行等社会关键系统,针对产业设备、系统及国家关键信息基础设施的侵入仍占少数。但随着工业系统从封闭走向互联,针对工业系统的黑客也渐渐浮出水面,工业信息安全攻击变得不再那么神秘。

一方面,发现工业控制系统正变得越来越容易,攻击目标无处可藏。黑客至少可以通过3种方式发现工业控制系统和产品:一是通过百度、Google等网页搜索引擎检索工控产品Web发布的URL地址(见图2-2),例如,西门子S7-300的配置管理界面通过Web直接发布;二是通过Shodan等主机搜索引擎检索工业控制系统软硬件的 HTTP/SNMP 等传统网络服务端口关键指纹信息，例如，在西门子 PLC 开放的 SNMP 端口服务中，banner 信息中直接有 SIMATIC 关键字；三是通过在线监测平台匹配工控通信私有协议端口网络指纹特征，如西门子的 102 端口、施耐德的 502 端口、欧姆龙和 AB 的 44818 端口、组态王的 777 端口等，发现正在运行的工控软硬件设备，配合前文提到的 PLC 蠕虫病毒，可以轻易地找到目标系统，进行攻击。

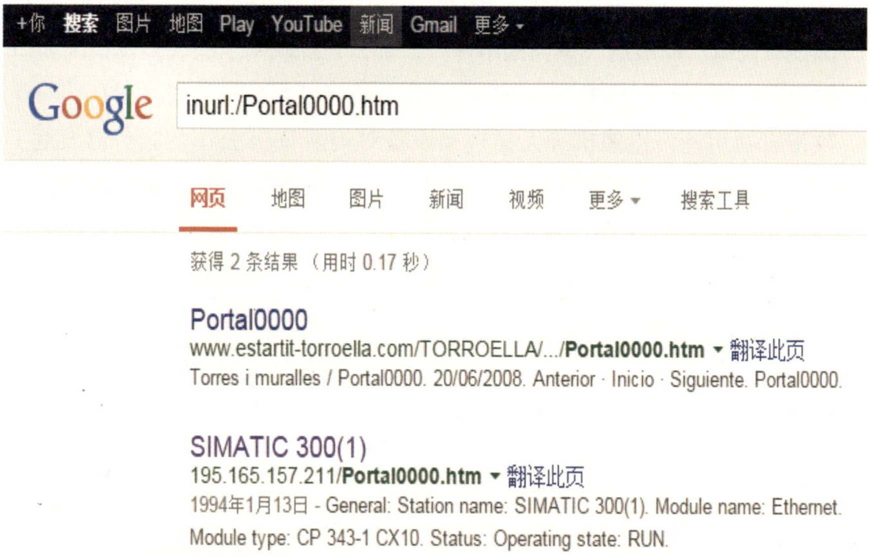

图 2-2　通过 Google 搜索工控产品

另一方面，大量工控系统软硬件设备的安全漏洞及利用方式可通过公开或半公开的渠道获得。每年召开的黑帽大会都会有关于工控系统攻击的报告，而且一年比一年精彩，研究者甚至会发布攻击源代码或 Demo。而在 github 等开源社区中(见图 2-3)，很多关于工控设备的弱口令信息及工控系统的扫描、探测、渗透方法被公布。在国内外很多白帽社区中，大量 SCADA 系统的漏洞细节和利用方式被公布。例如，2017 年黑客大会和开源社区中，涉及 100 多个工控产品默认密码清单的 "SCADAPass" 被公布，第一个可在 PLC 之间传播的病毒 "PLC-Blaster" 的技术报告白皮书也通过互联网公开。对工控系统的入侵攻击不再神秘，进一步加剧了工控系统的网络安全风险。

图 2-3　著名的黑客社区与论坛

同时，由于工业系统涉及的设备、产品门类繁杂，除针对工业系统本身直接攻击外，视频设备等工业辅助系统也已成为攻击跳板。2015 年 2 月，中国视频设备厂商遭遇"黑天鹅事件"，部分在互联网上的视频设备因弱口令问题被黑客攻击，引起相关政府部门、媒体等高度重视与关注。2016 年 10 月，攻击者利用网络摄像机等大量视频设备对美国 Dyn 公司的服务器发起 DDoS 攻击，使得半个美国网络瘫痪（见图 2-4）。国外媒体称黑客利用了中国厂商的视频设备。2017 年 5 月 4 日，美国工业控制系统网络应急响应小组（ICS-CERT）披露，我国两家安防监控设备制造商——海康威视和大华的产品存在 4 个高危工控漏洞，这是我国视频设备漏洞首次登上"高危榜单"。这充分表明，随着视频设备在工业领域的日益广泛应用，视频设备安全值得高度关注，视频设备一旦存在安全漏洞，黑客就可能以此作为入侵工业系统的跳板，威胁工业生产安全。

图 2-4　2016 年 10 月因网络攻击导致无法登录的部分网站

第二节

不够坚固的"盾"

2017年5月12日,全球爆发大规模勒索软件"WannaCry"感染事件,能源、电力、天然气、通信、交通等多个工业相关领域遭受了攻击。最早被曝感染病毒的是西班牙,随后短短3小时内,德国、法国、俄罗斯、美国、越南、印度尼西亚、菲律宾、哈萨克斯坦、乌克兰等多个国家都被波及。卡巴斯基实验室数据显示,俄罗斯、乌克兰、印度等国家,以及中国台湾地区受WannaCry勒索病毒影响最严重。可以说,这种新型的网络病毒创下了在48小时内横扫100多个国家/地区的众多组织机构,最后有数10万台计算机受到感染的"丰功伟绩",而且袭击了核电站和石油系统等关键信息基础设施。

2017年6月,专门针对工控领域的勒索软件"必加"(Petrwrap)攻击各地企业,乌克兰地铁及基辅的鲍里斯皮尔机场遭到破坏、电力供应商系统中断,俄罗斯石油公司的服务器也被感染。可以看到,很多"一带一路"沿线国家都被波及,在攻击途径多、攻击手段多样化的大环境下,"一带一路"沿线国家、地区在工业信息安全领域仍处于起步阶段,防护能力严重不足。

专栏 勒索病毒在全球范围内爆发

2017年5月12日,全球突发比特币病毒WannaCry(想哭)疯狂攻击公共和商业系统事件。能源、电力、天然气、通信、交通等多个工业相关领域遭受了攻击。英国各地超过40家医院遭到大范围的网络黑客攻击,国家医疗服务系统(NHS)陷入一片混乱。中国多个高校校园网也集体沦陷。全球有近百个国家受到严重攻击。在5个小时内,包括英国、俄罗斯、整个欧洲及中国多个高校校内网、大型企业内网和政府机构专网中招,用户被勒索支付高额赎金(有的需要比特币)才能解密恢复文件,这场攻击甚至造成了教学系统瘫痪，包括校园一卡通系统。此次勒索事件与以往相比最大的区别在于，勒索病毒结合了蠕虫的方式进行传播。由于在 NSA 泄露的文件中，WannaCry 传播方式的漏洞利用代码被称为"EternalBlue"，所以也有的报道称此次攻击为"永恒之蓝"。据《华尔街日报》报道，硅谷网络风险建模公司 Cyence 称，此次网络攻击造成的全球计算机死机直接成本总计达 80 亿美元。我国未能幸免于 WannaCry 的攻击，国内教育、银行、交通等多个行业也遭受不同程度影响。中石油所属部分加油站正常运行受到影响。病毒导致加油站加油卡、银行卡、第三方支付等网络支付功能无法使用，加油及销售等基本业务运行正常，加油卡账户资金安全不受影响。另外，由于我国教育网未封禁 445 端口，导致山东大学等部分高校成为重灾区，学校计算机被病毒攻击，被攻击的文档被加密。

2017 年 6 月，专门针对工控领域的勒索软件"必加"（Petrwrap）攻击欧洲各地企业，乌克兰地铁及基辅的鲍里斯皮尔机场遭到破坏、电力供应商系统中断，丹麦航运公司马士基的多个站点系统遭到入侵，俄罗斯石油公司的服务器也被感染。此病毒相对 WannaCry 更具破坏性。病毒对计算机的硬盘 MFT 进行了加密，并修改了 MBR，让操作系统无法进入。相比此前，Petwrap 更像是有目的的攻击，而并非简单的敲诈勒索。

2017 年 12 月 19 日，美国总统国土安全与反恐助理托马斯·博塞特在白宫表示，有充分证据显示，朝鲜应该对 2017 年 5 月肆虐全球的 WannaCry 勒索病毒负责。他表示，经过严密的调查，美国认定朝鲜是 WannaCry 勒索病毒的幕后操纵者。朝鲜政府下达了发动网络攻击的指令。博萨特还称，在看过美国提供的证据后，许多外国政府和私营互联网公司也支持美国的这一认定。

从战略规划方面来看，虽然半数以上"一带一路"沿线国家发布了涉及信息安全领域方面的战略级文件。例如，俄罗斯发布新版《信息安全条例》、捷克共和国发布《捷克共和国国家网络安全战略 2015—2020》、乌克兰发布《网络安全战略》、克罗地亚发布《克罗地亚网络安全战略》、新加坡发布《新加坡国家网络安全战略》等。但是，这些文件仍多偏重于虚拟空间信息安全的防护，除以色列、俄罗斯等传统网络安全强国，以及乌克兰等受到过工业信息安全攻击的国家外，战略中包含工业信息安全相关要求，并专门出台针对工业信息安全领域的国家并不多。

专栏 俄罗斯发布新版《信息安全条例》

俄罗斯总统普京于2016年12月签署了一项大范围的网络安全计划——新版《信息安全条例》（简称《条例》），《条例》是对2000年发布的《信息安全条例》的更新，旨在加强俄罗斯防御国外网络攻击的能力。新版《信息安全条例》详细介绍了俄罗斯政府对外国黑客攻击等一系列威胁的担忧。虽然该计划较少涉及具体步骤，但是确定了新政策的总体目标，包括扩大对外宣力度及加强对俄罗斯工业互联网的管控。《条例》强调，外国正在增强信息通信技术领域的潜力，其中包括打击俄罗斯联邦关键信息基础设施（电网、交通控制系统等）等。

2013年6月，俄罗斯政府通过了《工控系统安全文件要求》的决议，并于2014年1月1日正式生效。

专栏 乌克兰发布新版《网络安全战略》

鉴于最近几年针对乌克兰关键IT设施和社会基础设施的网络攻击数量显著上升，乌克兰总统波罗申科于2016年4月批准通过乌克兰新版《网络安全战略》，强调在符合欧盟和北约标准的前提下，减少针对乌克兰能源设备的黑客攻击，为乌克兰网络安全设计新的标准，同时加速网络安全研发活动；还扩大了乌克兰参与的国际网络安全合作，由乌克兰国家安全和国防委员会负责。

从组织机构来看，绝大部分"一带一路"沿线国家和地区设立了网络安全管理的相关机构，但职能较为分散。例如，俄罗斯设立了安全委员会、科技委员会、通信与信息部、联邦政府通信与信息局；新加坡设立了全国通信安全委员会、通信科技安全局、网络安全局及国家网络安全中心；越南设立了国家网络安全技术中心、公安部后勤和技术综合部、国家计算机应急响应小组；马来西亚设立了国家网络危机委员会、马来西亚网络安全局与计算机应急响应小组等。但是，只有少数国家针对工业信息安全相关领域设立了专门的机构进行管理、应对。例如，以色列设立了国家控制特别工作组和国家网络局，加强重要基础设施和产业界的网络安全；印度设立了国家关键信息和基础设施保护中心，并且成立了网络安全联合工作组，建立了一个测试实验室以评估和研究关键信息基础设施的脆弱性；爱沙尼亚设立了关键基础设施保护部门，负责在战略层面保护公共网络和专用网络，进行风险评估，收集有关重要基础设施的信息，并提出防御措施以应对网络威胁；克罗地亚的安全和情报局，负责保障政府部门和关键基础设施的网络安全；匈牙利由国家网络安全中心负责保护中央政府系统及关键基础设施免受网络攻击；乌克兰设立了专用通信和信息保护国家服务中心，负责制定政策、加强信息资源保护、确保政府部门和重要基础设施领域的信息安全。此外，企业的技术实力更是"一带一路"沿线国家不可言说之痛。这一点我们将在后面的篇章中详细道来。

本章小结

对于工业信息安全，其矛之愈利，其盾却稍显稚嫩。一些工业基础较好或饱尝网络攻击之苦的国家，都意识到工业信息安全问题已经成为生长在国民经济命脉上的"肿瘤"，纷纷从战略规划、机构组建等方面出台相应措施予以应对。

第三章 "独"与"合"

欧美等发达国家凭借其在工业革命铸就的强大基础，以及在信息时代领跑的产业与技术优势，已然将目光聚焦在信息安全领域，开展前瞻布局。大国博弈从来不只是在沙场，在新辟就的网络空间中，信息安全已经成为博弈的重要议题。

第一节
新一轮的"大国博弈"

2013年，29岁的美国中央情报局技术助理爱德华·斯诺登将两份绝密资料交给英国《卫报》和美国《华盛顿邮报》。2013年6月5日，英国《卫报》先扔出了第一颗舆论炸弹：美国国家安全局有一项代号为"棱镜"的秘密项目，要求电信巨头威瑞森公司必须每天上交数百万用户的通话记录。2013年6月6日，美国《华盛顿邮报》披露，过去6年间，美国国家安全局和联邦调查局通过进入微软、谷歌、苹果、雅虎等九大网络巨头的服务器，监控美国公民的电子邮件、聊天记录、视频及照片等秘密资料，全球舆论随之哗然。

当前，欧美等发达国家凭借技术优势主导着全球信息安全产业与应用的格局，信息安全已经成为各国夯实国际话语权的重要实力。在新的工业信息安全领域，欧美等发达国家仍然抢先布局，想在新一轮产业竞争中继续保持优势。"一带一路"沿线国家和地区工业化水平整体较弱，在工业化进程中，工业信息安全需求强烈，我国在推进"一带一路"倡议、促进产能合作的过程中，要在工业信息安全领域加强合作，携手同行，补齐产能合作短板，共同提升国际话语权，架构全球工业信息安全发展新格局。

2002年7月，在全球大部分国家互联网刚刚接入，对信息安全还没有什么概念的时候（见表3-1），美国布什政府就发布了首份《国土安全国家战略》，将保护工控系统基础设施安全列为重要内容，并要求强化安全措施。美国于2003年再次发布《保护网络空间国家战略》，将工业控制系统安全纳入战略范畴，成为工业控制系统信息安全保护的行动指南。

表3-1 2002年2月全球互联网用户地区分布

地　区	互联网用户数（亿人）
非洲	0.0415
亚太地区	1.5749
欧洲	1.7135
中东地区	0.0465
加拿大和美国	1.8123
拉丁美洲	0.2533
全球总计	5.442

欧洲、美国、日本等发达地区和国家在工业信息安全领域起步较早，已在国家层面出台了一系列宏观管控手段，指导行业深入贯彻实施工业信息安全保护，并充分利用其在安全技术上的主导地位，积极加强标准、指南与行业规范等文件的国际影响力，用于影响全球工业信息安全防护体系架构，抢占行业话语权。

1. 看得远，下手快

美国政府从制造业发展和关键基础设施保护的角度，对工业控制系统、物联网、大数据等核心部分先后发布了大量的战略法规，强调保障大数据和物联网安全，加强对包括工业控制系统在内的关键基础设施的保护，为工业信息安全保障提供规范和指引。2009年，美国将《国家基础设施保护计划》（NIPP）进行修订，提出要对网络信息、通信设备等17类关键基础设施实施重点保护，通过保护国家重要的工控系统，强化相关应急响应和迅速恢复重建的能力。2009 年，美国发布《保护工业控制系统战略》，加强对能源、电力等工业行业工控系统的安全保护。2013 年美国发布《国家网络和关键基础设施保护法案》，加大对包括工业网络和工业控制系统在内的关键基础设施的保护力度。2014 年 5 月，美国白宫发表大数据白皮书《大数据：抓住机遇、保存价值》，指出数据安全在工业信息安全中至关重要的作用。2016 年，美国新增 140 亿美元用于网络安全发展战略，并设立网络安全监管机构，将关键基础设施网络攻击视为新的战场；发布《制造业与工业控制系统安全保障能力评估》草案，以帮助制造商及化工厂等使用特殊计算机优化生成流程的企业预防在线攻击活动；发布《物联网安全指导原则》，从设计开发、漏洞管理、安全操作方法、互联网接入等方面给出了物联网的安全指导原则。2017 年 4 月，美国国防部计划投资 7700 万美元建立新的网络安全计划，专门打击针对电网设施的黑客攻击；5 月，美国总统特朗普签署 13800 号总统行政令《加强联邦网络和关键基础设施的网络安全》，内容之一就是要增强美国应对僵尸网络及其他自动化和分布式威胁的能力；8 月，美国民主党和共和党参议员向国会提交了一项关于物联网安全的法案——《2017 物联网网络安全改进法》，希望通过设定联邦政府采购物联网设备安全标准，来改善美国政府面临的物联网安全问题。

与此同时，美国投入大量资金支持工业控制系统、物联网、大数据的安全技术研究，2016 年美国发布的《国家制造创新网络计划：战略规划》和《国家制造业创新网络计划：年度报告》表明，美国正加速推进制造业创新发展，网络安全技术已成为保持先进制造领域技术优越性和全球竞争力的技术保障之一。

"工业 4.0" 的概念在 2013 年的汉诺威工业博览会上正式提出，是德国政府在《德国高技术战略 2020》中确定的国家未来十大战略之一。2013 年，《保障德国制造业的未来——关于实施"工业 4.0"战略的建议》的发布，被视为最权威的"工业 4.0"战略计划实施框架，其中强调了"安全和保障"对于智能制造的重要性，并作为"工业 4.0"战略的重要内容之一。2014 年德国政府出台的《德国数字纲要 2014—2017》明确要求，以"智能制造"作为"工业 4.0"的主要引擎，将"保障经济社会发展在数字化进程中的安全可靠"作为德国实现数字化、智能化转型升级过程的重点目标，强调"提供安全可靠的数字基础设施，建立高水准的安全体系""提升针对关键基础设施的网络攻击的安全监测、感知及分析能力。"2016年德国发布了新一轮的《德国数字化行动纲要：12项未来数字化发展措施和建议》，作为《德国数字纲要2014—2017》等一系列战略方案充实、更新的升级版，部署了针对未来数字化发展的指导建议和实施措施。

其他国家和地区也积极部署网络安全战略。例如，澳大利亚于2016年4月公布了新的《网络安全战略计划》，列出了网络安全方面的投资清单，其中，计划投资2.3亿澳元用于国家重要基础设施的攻击防护。欧盟于2016年7月正式通过了首部网络安全法——《网络和信息系统安全指令》，要求应对电力供应、空中交通管制等关键基础设施的网络攻击；并列出一些关键领域企业，如能源、交通和银行，所涉及的公司必须确保能够抵抗网络攻击。

2. 先到先得的"话语权"

美国在工业信息安全标准方面开展了大量工作，制定了一系列国家法规标准和行业化标准或指南（见表3-2）。其中，电力、石油石化行业所占的比例较高。美国国家标准与技术研究院（NIST）已成为在国际工业信息安全标准领域影响最大的机构之一。2014年年中，NIST成立了信息物理系统公众工作组（CPS PWG），旨在促进信息物理系统在智能制造、交通、能源等跨领域的应用与发展，其中网络安全与隐私是其下设的5个工作组之一。2017年9月，NIST发布《制造业网络安全框架简介》，侧重于所需的网络安全输出，提出一种主动的、基于风险的网络安全活动管理方法，是为降低网络风险且保证制造业正常运转而制定的网络安全框架实施草案，旨在为改善当前制造业网络安全状况提供安全标准和行业指南。该文件为制造商提供改进制造系统当前网络安全态势机会的方法，评估制造商在可接受的风险级别控制环境的能力，并给出制定网络安全标准化的方法，以保证制造系统运行的安全性。

表3-2 美国工业信息安全相关标准和指南

组织名称	文件名称
美国国家标准与技术研究院（NIST）	《工业控制系统安全指南》（NIST SP800-82）
	《联邦信息系统和组织的安全控制建议》（NIST SP800-53）
	《系统保护轮廓—工业控制系统》（NIST IR7176）
	《中等鲁棒性环境下的SCADA系统现场设备保护概况》
	《改善关键基础设施网络安全框架》
	《智能电网安全指南》（NIST IR7628）

续表

组织名称	文件名称
美国国土安全部（DHS）	《中小规模能源设施风险管理核查事项》
	《控制系统安全一览表：标准推荐》
	《SCADA 和工业控制系统安全》
	《工业控制系统安全评估指南》（与 CPNI 联合发布）
	《工业控制系统远程访问配置管理指南》（与 CPNI 联合发布）
北美电力可靠性委员会（NERC）	《北美大电力系统可靠性规范》（NERC CIP 002～009）
美国天然气协会（AGA）	《SCADA 通信的加密保护》（AGA Report No.12）
美国石油协会（API）	《管道 SCADA 安全》（API 1164）
	《石油工业安全指南》
美国能源部（DOE）	《提高 SCADA 系统网络安全 21 步》
美国核管理委员会	《核设施网络安全措施》（Regulatory Guide 5.71）

资料来源：国家工业信息安全发展研究中心。

美国工业互联网联盟（IIC）先后发布工业互联网参考架构、安全框架等系列文件，同时联合 ISO、IEC 等多个国际标准化组织，推动工业互联网标准体系建设。2017 年 1 月 IIC 发布的《工业互联网安全框架》，旨在确定并解释如何使用技术和流程确定、评估、缓解与安全和隐私威胁相关的风险，强调了保障工业互联网安全应围绕保证可信赖的关键系统特性展开。

以德国为代表的欧洲国家，已经开始基于 ISO 27000 系列的 ISO 27009 进行工业信息安全标准的建设。2013 年，德国发布《"工业 4.0"标准化路线图》，聚焦包括安全在内的重点领域标准化。德国"工业 4.0"平台，针对架构、标准、安全、测试床等关键共性问题，加速与 IIC 的技术协同和产业协作。英国出台了《工业控制系统安全评估指南》《最佳实践指南——过程控制和 SCADA 安全》，瑞士也发布了《工业控制系统安全增强指南》等标准规范。

3. 保技术，先布局

美国和德国、法国等欧洲国家通过成立研究机构、搭建研究平台等方式，加大在工业信息安全技术研究上的投入，以保障共性技术突破取得关键成效，提升风险发现、分析、防范等工业信息安全保障能力，日本、印度、韩国等国家也纷纷布局工业互联网安全技术研究。

美国主要通过成立爱达荷、太平洋西北、橡树岭、桑迪亚、洛斯阿拉莫斯、阿贡等多个国家级研究机构及实验室，开展对工业信息安全关键共性技术的研究,主要包括工业领域信息安全标准/协议制度、工业系统的威胁和脆弱性,以及工业控制系统安全技术等方面的研发。欧盟于2013年建设了Scada Lab实验室,建立了若干工业控制系统信息安全测试床,开展工业信息安全技术研究,提供相关的测试、评估等技术服务。随后,西班牙政府也成立了专门的工业网络安全研究机构,以解决国家关键信息和通信技术中存在的网络安全风险及问题。日本从2013年起规定所有工控产品必须通过国家标准认证才能在国内使用,并且已经在一些重点行业(如能源和化工行业)开始了工控安全检查和建设,2017年,日本新成立机构——工业网络安全促进机构(ICPA)将正式投入运营。以色列已成立国家级工控产品安全检测中心,用于工控安全产品入网前的安全检测,并将建立一个能够模拟基础设施网络攻击并做出回应的网络实验室,该实验室将作为工业运行技术的测试模拟环境,用来测试各种保护系统的有效性。澳大利亚则在新的《网络安全战略计划》中提出将成立网络威胁中心、网络安全增长中心、重要城市基础建设情报分享中心。

4. 打造产业"第一防线"

2014年4月,AT&T、思科、通用电气、IBM和英特尔在美国波士顿宣布成立工业互联网联盟(IIC),以期打破技术壁垒,促进物理世界和数字世界的融合。该联盟包含安全工作组在内的7个领域的工作组,其中安全工作组于2016年10月发布了由25个成员单位共同编制的《工业互联网安全框架》,从安全保障、隐私性、安全性、可靠性和适应性等方面对工业互联网提出了要求。目前,该联盟作为全球最重要的工业互联网推广组织,汇聚了30余个国家和地区的200余家成员单位,并与德国、法国、日本等多国政府开展相关合作。

德国于2013年,由德国机械及制造商协会(VDMA)、德国电气电子协会(ZWEI)和信息技术协会(BITKOM)发起成立德国"工业4.0"平台,2015年,德国政府部门直接领导"工业4.0"平台,正式成为德国国家"工业4.0"战略的官方组织和权威推手,该组织确立了规范与标准、安全、研究与创新作为落实"工业4.0"的三大重要主题。同时"工业4.0"平台也正在针对架构、标准、安全、测试床等关键共性问题加速与IIC的技术协同和产业协作。

日本政府由经济产业省牵头,成立工业价值链倡议组织(Industrial

Value Chain Initiative，IVI），集结了100多家企业，推动制造业和信息技术融合，优化业务流程，设计新型社会平台推进工业企业主动协作。

另外，欧美等发达国家为降低我国在世界经济社会中的影响力，通过各种途径阻挠我国技术、产品输出。例如，欧盟迟迟未承认我国市场经济地位；美国则频频以安全为由对中兴、华为等企业进行制裁、调查，美国国会下属的美中经济与安全评估委员会于2017年3月、5月连续召开专题听证会，讨论我信息技术与产业发展对美国的影响，并向美国国会提出"防御"我信息技术与产业发展的议案。

第二节

百花齐放春满园

2013年9月7日，哈萨克斯坦纳扎尔巴耶夫大学的演讲厅里，习近平主席首次提出共同建设"丝绸之路经济带"的构想。2013年10月3日，习近平主席在印度尼西亚国会发表演讲，提出共同建设"21世纪海上丝绸之路"。这二者构成了"一带一路"重大倡议，成为我国未来国际合作的核心规划。

"一带一路"倡议的提出，不仅在舆论界和各国民众中引起强烈反响，而且在相关各实际操作部门得到了积极响应。短短几年时间，"一带一路"建设取得了丰硕成果，中国同40多个国家和国际组织签署了合作协议，同30多个国家开展机制化产能合作，同60多个国家和国际组织共同发出推进"一带一路"贸易畅通合作倡议。2014—2016年，中国同"一带一路"沿线国家贸易总额超过3万亿美元。中国对"一带一路"沿线国家投资累计超过500亿美元。中国企业已经在20多个国家建设56个经贸合作区，为有关国家创造近11亿美元税收和18万个就业岗位。中国正与"一带一路"沿线国家一道，根据古丝绸之路留下的宝贵历史启示，着眼于各国人民追求和平与发展的共同梦想，为世界提供一项充满东方智慧的共同繁荣发展的方案。

2016年4月19日，习近平主席在网络安全和信息化工作座谈会上的讲话中提出，要鼓励和支持我国网信企业走出去，深化互联网国际交流合作，积极参与"一带一路"建设，做到"国家利益在哪里，信息化就覆盖到哪里"。"一带一路"沿线国家和地区对工业信息安全产品的巨大需求空间，为我们开辟工业信息安全国际合作提供了重大机遇与施展空间。

本章小结

合作共赢是"一带一路"倡议实施的主题。当前，西方发达国家尤其是美国，在信息安全产业方面遥遥领先于我国与"一带一路"沿线各国。要推进工业信息安全发展，"一带一路"沿线国家需要相互借鉴先进的发展经验，开展联合防护与合作，通过"共商、共建、共享"主动打破西方发达国家尤其是美国对信息安全技术的垄断，重构现有欧美引领发展的格局，打造新的命运共同体。

第二篇

安以兴邦
——和平之路的稳定锚

> 是故君子安而不忘危，存而不忘亡，治而不忘乱，是以身安而国家可保也。
>
> ——《易·系辞下》

1945年9月9日，南京陆军大礼堂安静而肃穆。曾是中国陆军总司令何应钦老师的侵华日军最高指挥官冈村宁次，脱帽、正坐在投降桌的一端，与受降桌的昔日学生何应钦面对面，等待接受"审判"。侵华日军总参谋长小林浅三郎置砚磨墨，冈村宁次提笔蘸墨、注名，从上衣口袋中取方章、蘸印泥、盖章。由于紧张，章盖歪了，但已无可奈何。小林浅三郎再次来到何应钦面前，躬身双手呈降书，何应钦起身接过。

历史在此幕按下了"闪光灯"——至此，轰轰烈烈持续6年的第二次世界大战定格在这最"忘情"的一刻。而在亚欧大陆的另一侧，德军已经于1945年5月7日正式签字投降，这历时6年的世界大战，战火蔓延欧洲、亚洲、非洲、大洋洲及各大洋，先后卷入战争的国家共61个，人口17亿，约占世界人口的80%。波及40个国家，约7000多万人死于战火，造成物质损失达4万亿美元。然而，这一切都已成过往，亚欧大陆战火渐渐熄灭，和平与发展的序幕正式拉开。

在20世纪下半叶，尽管"南北关系""东西关系"依然紧张，"冷战""热战"交替出现，全球性大规模的战争始终没有爆发。然而，21世纪，尽管传统战争还未远去，民族问题、宗教问题、恐怖主义、极端主义、历史矛盾、局部冲突却依然接连不断，而且随着数字化、信息化浪潮席卷全球，在波澜不兴的和平表面之下，战争的序幕在另一个维度已经悄然拉开。从硝烟四起、血肉横飞的物理空间战场、战场信息化网络到围绕信息网络、关键基础设施的网络攻防，战争看似已经变得波澜不惊、来去无形，而实际上却一击致命。

第四章 瞬息万变的威胁

> 网络进攻跨越了时间、空间的界限。敌人远在地球的另一侧就可以在数秒内对网络作战目标发动毁灭性的攻击。网络攻击可以导致国家政治失控、经济混乱、军队战斗力丧失，却可以兵不血刃。网络攻击的"杀伤力"之大往往是传统战争模式无法比拟的。

第一节

战争新维度

2001年，新千年的钟声还未远去，第一场非官方的国家间的网络战已经打响。2001年4月1日，中美撞机事件突发，将中国驻南联盟使馆遭受美国导弹袭击后本就微妙的中美关系之弦又一次拉紧，中美高层开始紧密斡旋，而未曾料想到的是，以此为导火索，一场网络大战在中美黑客之间愈演愈烈。2001年4月4日以来，美国Poizonbox、prophet等黑客组织不断袭击中国网站，多个美国政府和商业网站也遭到了中国黑客的攻击。一张贴在被黑网站首页上的帖子写着："黑倒美国！为了我们的飞行员王伟！为了我们的中国！"网络大战战况惨烈，包括欧洲、中南美洲、亚洲及阿拉伯国家的黑客都加入，为自己所支持的一方出力，俨然是一场网络界的世界大战。大战的最高潮在北京时间2001年5月4日晚9时来临，美国政府的门户网站——白宫网站刷新速度开始变慢，没过多久系统干脆完全拒绝用户登录，清一色显示"找不到服务器"字样。有人估算当天至少有8万人参加了对白宫的网络攻击，有人称这是信息时代首次"人海战术"的胜利。据不完全统计，此次黑客大战中真正被攻破的美国网站约有1600多个，其中主要网站（包括美国政府和军方的网站）有900多个，而中国被攻破的网站则有1100多个，重要网站多达600多个。

实际上，2001年的中美黑客大战仅仅是世界网络战争的一个缩影，更为漫长的网络战争、军备竞赛和局部冲突早已开始。从网络战争准备来看，以美国为例，20世纪90年代，美国就已经开始大量招募计算机网络人才，1995年，美国第一次开始组织"黑客"在网络空间负责进行信息对抗。2002年，美国正式组建了世界上第一支网络部队，由世界顶级计算机专家和"黑客"组成，其人员主要为中央情报局、国家安全局、联邦调查局和其他部门的专家。美国于2003年2月14日正式将网络安全提升至国家安全的战略高度，并发布了《国家网络安全战略》，从国家战略的全局谋划网络的正常运行并确保国家和社会生活的安全稳定。2005年3月，美国国防部公布的《国防战略报告》中明确将网络空间和陆、海、空及太空定义为同等重要的、需要美国维持决定性优势的五大空间。2010年，美军成立隶属于战略司令部的网络战司令部，标志着美军已经将网络战作为一个战略性的作战模式来看待。截至2017年美国已经建成123支网络部队，信息战专家约5000人，并计划到2018年进一步扩充到133支网络部队，拥有信息战专家的人数将达到6000人，再加上配属的支援人员，总兵力将超过8万人，相当于一个集团军的规模。

与此同时，世界范围内局部网络冲突不断，网络在军事领域中的应用逐步升入主导地位。1988年11月，美国康奈尔大学研究生莫里斯把自己设计的病毒输入五角大楼网络，导致美国国防部战略C^4I系统的计算机主控中心和各级指挥中心的8500余台计算机瘫痪。从此，网络攻击拉开了序幕，各种网络作战武器也相继破茧而出。海湾战争开始前，伊拉克从法国采购了一批供防空系统使用的新型打印机，准备通过约旦首都安曼偷运到巴格达。美国中央情报局派特工在安曼机场把固化有病毒的芯片装入了这批打印机。美军发起空袭前，遥控激活了打印机中的病毒，造成伊军防空指挥中心主计算机系统程序发生错乱、工作失灵，导致伊拉克防空体系预警和指挥系统瘫痪，几乎丧失了防空能力。在1999年的科索沃战争中，北约为窃取南联盟的军事情报，利用虚拟手段，向对方计算机网络上发送与其信息情报系统识别信息一致的数据流，同时伪造自己的战场数据，投放虚假情报蒙骗敌人。美国中情局利用黑客手段侵入米洛舍维奇及其他高层的海外账号企图颠覆南联盟政府。与此同时，南联盟和俄罗斯的"黑客"们也对北约信息系统发动了连续攻击。1999年4月4日，北约军队网络系统通信瘫痪，各作战部队的电子邮件全部阻塞，航母"尼米兹"号的指控系统有3个多小时被迫停止工作。时任美国国防部副部长哈默把科索沃战争中爆发的网络大战称为全球"第一次网络战争"。

历史的步伐迈入21世纪，网络战爆发的周期越来越短、频率越来越高、覆盖面越来越广。2006年的黎以冲突中，黎巴嫩真主党电视台遭到以色列国防军情报部门"黑客"的攻击，直播节目被迫中断，真主党领导人纳斯鲁拉的漫画像出现在电视屏幕上，并伴随着这样的文字："纳斯鲁拉，你灭亡的时间提前了！""你的末日来临了。"事件发生后，黎巴嫩国民因此而人心惶惶。2006年5月，美国退伍军人事务部发生网络信息失窃事件，窃贼将2000多万名退伍军人的个人资料盗走，对美国武装部队的安全构成了潜在威胁。目前，美国的金融、贸易系统已完全实现网络化，60%以上的美国企业已接入互联网，国防部的电信需求95%以上由商业网络提供。据统计，美国国防部计算机网络系统每天要受到上百次侵扰，每年因为网络攻击而造成的损失高达100多亿美元。2007年4月，爱沙尼亚政府决定搬迁苏军解放塔林纪念碑，由此遭到俄罗斯的网络攻击。在10余天的时间里，连续发动3个波次大规模的网络攻击，垃圾信息如洪水般涌来。总统府、议会、媒体、银行的网站全部瘫痪，爱沙尼亚被迫关闭了所有与外界的连接。爱沙尼亚发达的互联网络转眼之间成了与世隔绝的"局域网"。2008年8月，俄格冲突。俄罗斯在发动军事行动前首先攻击了格鲁吉亚互联网。格鲁吉亚的网络服务被摧毁，人们无法通过网络进行通信，拿不到现金和机票。格鲁吉亚政府的制网权被俄罗斯控制后，其交通、通信、媒体和金融服务全面瘫痪。这也被称为全球第一次针对制网权的、与传统军事行动同步的网络攻击。

第二节

"世界工控元年"危机

2011年2月,伊朗在首座核电站——布什尔核电站启动发电前夕,突然宣布暂时卸载核燃料,尽管原因未公布,但业界猜测核电站可能再次受到2010年首次曝光的"震网病毒"(Stuxnet)攻击。2010年6月,白俄罗斯的一家安全公司VirusBlokAda为伊朗客户检查系统时偶然发现了一种新的蠕虫病毒。根据病毒代码中出现的特征字"Stux",新病毒被命名为"震网病毒",并加入公共病毒库给业界人士研究。随着病毒公开,它的面纱渐渐揭开——它跟以往流行的病毒完全不一样,它利用了4个Windows零日漏洞,具备超强的USB传播能力,还含有两个针对西门子工业控制软件漏洞的攻击,因此,这是世界上首例针对工业控制系统的病毒!说得再精准一点,它是专门针对伊朗纳坦兹核工厂量身定做的病毒武器。

实际上,自2006年伊朗重启核计划以来,纳坦兹核工厂运行就极不稳定,离心机的故障率居高不下,核武器急需的浓缩铀迟迟生产不出来。技术人员反复检查,却找不出故障原因,离心机出厂时质量明明合格,一旦投入运行,却马上就会磨损破坏。图4-1为伊朗总统网站(www.president.ir)发布的图片,2008年4月8日,内贾德总统视察纳坦兹核工厂。这张图不经意地泄露了核工厂的问题,左下方的屏幕所显示的那群绿点,每一个点都代表一台离心机,绿色代表运行正常,绿色丛中的两个灰色小点,说明有两台离心机出了故障。研究人员在病毒代码中发现一个数组,用于描述离心机的级联方式,数组的最后几位是:20,24,20,16,12,8,4;从这张总统视察图中可以看出,纳坦兹核工厂的离心机级联方式,从左到右正是20,24,20,16,12,8,4,与"震网病毒"的描述完全相同!

由于被病毒感染,纳坦兹核工厂的监控录像被篡改。监控人员看到的是正常画面,而实际上离心机在失控情况下不断加速而最终损毁。位于纳坦兹的约8000台离心机中有1000台在2009年年底和2010年年初被换掉。病毒给伊朗布什尔核电站造成严重影响,导致放射性物质泄漏,危害不亚于切尔诺贝利核电站事故。伊朗境内60%的个人计算机感染了这种病毒。2010年9月,伊朗政府宣布,大约3万个网络终端感染"震网病毒",病毒攻击目标直指核设施。而分析界普遍认为,"震网病毒"从 2006 年开始研发,于 2008 年前后完成设计,并随即展开对伊朗核工厂的攻击,直至 2010 年甚至更晚。在至少两年的攻击期内,病毒以极高的隐蔽性周期性发作,使伊朗的浓缩铀产量始终提不上去,却又找不到原因,使得伊朗核计划至少拖延了两年,为美国争取了宝贵时间。

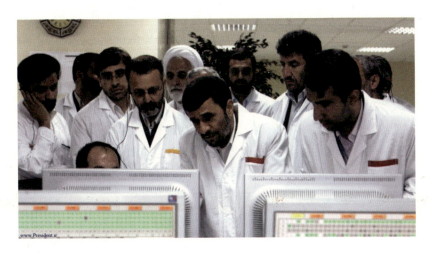

图 4-1　纳坦兹核工厂视察

"震网病毒"作为世界上首个网络"超级破坏性武器"被检测出来,是第一个专门定向攻击真实世界中基础设施的"蠕虫"病毒,开创了攻击工控系统之先河,也感染了全球超过 45000 个网络。而该病毒制造团队前期策划之周详,病毒代码之复杂,攻击手段之精巧,迄今为止仍没有被超越。结合相关资料可以判断,"震网病毒"攻击事件具有鲜明的国家行为和规模网络战的性质,而由此发端,关键基础设施的信息安全已经成为大国博弈的新战场。

从理论上来说,恶意程序一旦进入工业或军事系统,就可以任意修改其中的指令。如果进入工业生产网络,可以提高载荷造成机器毁坏,甚至可以关闭防护系统造成人员伤亡;如果进入能源系统,可以切断电力的供应,甚至改变炼油厂的工序,造成爆炸;如果进入水利系统,可以控制水坝的开合;如果进入军事系统,可以控制导弹的发射。

的确,工业信息安全不仅涉及工业生产过程,工控系统也广泛分布在国家能源、制造、医疗、通信、交通、市政等重要领域基础设施中,原本就是传统战争中的攻击目标，具有非凡的战略意义。自然而然，数据采集与监控系统（SCADA）、分布式控制系统（DCS）、程序逻辑控制系统（PLC）、远程终端（RTU）、智能电子设备（IED）及其他控制系统通过计算机网络直接操控运营，在网络战争与网络攻击中，也可能率先遭受打击。但是，在2010年"震网病毒"爆发前，很多人还认为针对工控系统的网络攻击不可思议——或者不可能实现。

首先，工控系统复杂性大大超出普通网络设施（见图4-2），工控系统并不是一个标准化环境，而是针对具体工业基础设施量身定制的专用操控系统，工控系统过程复杂、规模巨大、层次间子系统数量与类型众多、过程数据形式多样、管理控制目标节点多元，要实施有效且隐蔽性强的攻击，必须要掌握大量针对具体设施设计和运转情况的具体信息。而且长期以来，工控系统被认为是相对专业的、封闭的、只有少数具有专业知识背景的技术人员才能够了解和接触到的控制系统，加之工控系统往往处于物理隔离状态，所以一般认为工控系统不太会受到信息安全方面的威胁。

对比项		工控系统	IT系统
结构资源	体系结构	主要由传感器、执行器、RTU、PLC、DCS、SCADA等设备及系统组成 嵌入式设备、IPC、PC 网络结构复杂：现场层、控制层、管理层 通过互联网协议组成的计算机网络	通过互联网协议组成的计算机网络
	操作系统	广泛使用RTOS（VxWorks、μCLinux、WinCE、μCOS-II），可根据需求进行剪裁定制	通用OS（Widows、Linux、UNIX等），功能强大
	系统升级	兼容性差、软硬件升级困难、使用专用工具进行系统升级	兼容性好、软硬件升级频繁
	资源限制	系统支持固定的工业生产过程，没有足够的内存或资源	系统有足够的资源
	部件寿命	一般15～20年	一般3～5年
	技术支持	一般供应商独立进行	允许多样化服务
通信	通信协议	专用的通信协议或规范（PROFINET、Modbus TCP、EtherNet/IP、OPC等），可直接使用TCD（UDP）/IP，并定义应用层	TCP/IP协议
	通信要求	通信区分循环通信和非循环通信，不使用流量通信方式	要求高吞吐量和可靠的数据传输
	实时性	实时性要求高，对于传输延迟和抖动有严格要求	非实时性，允许传输延时和抖动

图4-2 工控系统与IT系统比较

资料来源：区和坚，《工业控制系统信息安全研究综述》。

但近年来，随着信息化的推动和工业化进程的加速，越来越多的计算机和网络技术应用于工控系统，工业互联网、智能制造、物联网等各种创新应用不断发展和深入的同时，作为工业领域的"神经中枢"，工控系统互联互通的趋势愈加明显，在为工业生产带来极大推动作用的同时，也带来了诸如木马、病毒、网络攻击等安全问题。2001年后，通用开发标准与互联网技术的广泛使用，使针对工控系统（ICS）的病毒、木马等攻击行为大幅度增长（见图4-3），结果导致整体控制系统出现故障，甚至发生恶性安全事故，对人员、设备和环境造成严重的危害。但是，直到2010年"震网病毒"的发现才使得针对工控系统的网络对抗战争骤然浮出水面，随着工业信息安全总体风险持续攀升，全球面临着前所未有的、复杂严峻的网络安全问题带来的和平威胁。

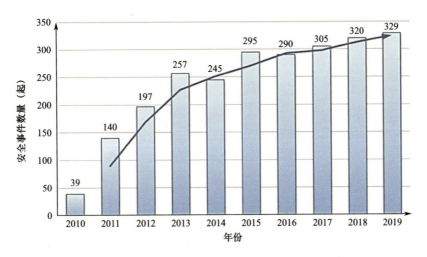

图 4-3　美国 ICS-CERT 历年安全事件报告数量

资料来源：美国 ICS-CERT，国家工业信息安全发展研究中心整理。

总体来说，工控系统面临的威胁是多样化的，一方面，敌对政府、恐怖组织、商业间谍、内部不法人员、外部非法入侵者等对系统虎视眈眈；另一方面，系统复杂性、人为事故、操作失误、设备故障和自然灾害等也会对工控系统造成破坏。特别是现代计算机和网络技术融合进工控系统后，传统网络的安全问题也随之在工控系统中出现，这其中就包括用户可以随意安装、运行各类应用软件，访问各类网站信息，为病毒、木马等恶意代码进入工控系统提供了主要途径，黑客可以利用其直接篡改控制指令，实施对工控系统的攻击。互联网已经成为工控系统的主要威胁来源，其感染因素包括企业与工控网络之间的对称接口、工控系统网络有限的互联网接入，以及通过手机运营商将工控系统设备连接至互联网等（见图4-4）。

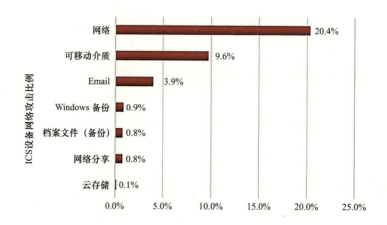

图4-4 2017年上半年ICS设备的主要威胁来源

资料来源：卡巴斯基实验室，《2017上半年工业自动化系统威胁报告》。

"震网病毒"展示了智能制造时代的网络战争形态，是一项典型的国家工程，需要大量的情报、资金、技术和智力资源支撑。美国已经展示了这种难以发觉、难以防范的高端打击技术，这是一种新的战争形态，美国已拥有新的"数字武器"。与"模拟武器"不同，"数字武器"不需要通过军队来产生伤害，攻击所产生的附加伤害很少，可以在敌方毫无察觉的情况下部署，并且非常便宜。这项武器的威慑力甚至超过了其实际的破坏力。《纽约时报》在2012年将"震网病毒"攻击事件曝光，很大程度上也是为了宣传这种新武器的威慑力。当前，我国已经全面启动面向智能制造的工业转型，必将有越来越多的关键工业设施使用数字化控制技术，对工控系统安防能力体系的建设，必须提升到国家战略的高度予以重视，做到可发现、可控制、可防范。

第三节

攻击重灾区

而从世界范围来看，"一带一路"沿线地区已经成为工业信息安全主战场、工控系统攻击重灾区。卡巴斯基实验室对全球工业控制系统遭遇攻击情况的监测结果显示，2017年上半年，亚欧大陆工控系统遭受打击程度远远高于其他地区，东亚、东南亚、南亚、中东、俄罗斯及独联体等"一带一路"沿线地区安全形势不容乐观；从国家来看，全球范围内工控系统遭遇攻击最多的15个国家中有10个是"一带一路"沿线国家，分别为越南（1起）、印度尼西亚（4起）、中国（5起）、印度（6起）、伊朗（7起）、沙特阿拉伯（8起）、泰国（11起）、马来西亚（12起）、乌克兰（13起）和哈萨克斯坦（14起），遭受攻击程度分别为71%、58.7%、57.1%、56.0%、55.3%、51.8%、47.8%、47.2%、46.3%和45.9%。

那么，我们不禁要问，为什么工控安全事件频繁在"一带一路"沿线国家发生？

20世纪初，英国地理学家麦金德（Mackinder）就曾说过："谁统治东欧，谁就能主宰心脏地带；谁统治了心脏地带，谁就能主宰世界岛；谁统治了世界岛，谁就能主宰全世界。"宗教和文明形态异常复杂，各大国地缘利益及各种信仰体系猛烈碰撞，是"一带一路"沿线国家政治关系的基本格局。具体来说，"一带一路"沿线经过多个地缘政治破碎带，这里的一些地区和国家历史上就存在由于种族和宗教关系而引起的矛盾和冲突；20世纪中期构建起民族国家以后又由于许多现实的原因，如民族主义、极端主义和恐怖主义的泛滥，发展的滞后和严重贫困，以及移植西方民主后的"水土不服"、新旧体制的冲突等，形成了十分复杂的矛盾和冲突链锁，武装冲突频繁发生。

从地理上看，中国的"海上丝绸之路"和"陆上丝绸之路"与民族宗教矛盾复杂、热点问题众多的"世界动荡之弧"有着较高的空间吻合性。在"冷战"期间，由于美苏战略局势相对稳定，这些地区矛盾总体上处于潜伏和休眠状态。但冷战结束以后，尤其是2008年世界金融危机爆发以来，亚太地缘战略格局和安全环境发生了深刻变化，许多矛盾被唤醒并开始集中爆发，使原本不安的地区政治局势更加趋于动荡。具体而言，沿"海上丝绸之路"方向，在缅甸有克钦族、果敢族与缅族的矛盾，在斯里兰卡有泰米尔人与僧伽罗人的矛盾，在巴基斯坦有信德人、俾路支人与旁遮普人的矛盾；而在"陆上丝绸之路"方向，中亚的民族宗教问题更为复杂，特别是民族跨界现象较为普遍，民族与宗教问题常常纠缠在一起。例如，中亚、南亚和西亚的一些国家，历史上的矛盾纠葛、发展滞后的矛盾等；中亚、中东的一些国家由于新旧体制的冲突而引起政局动荡和结构失衡；从中亚到地中海、从高加索到萨赫勒地区恐怖分子和极端分子的广泛存在等。这些由于历史和现实的诸多因素而导致的矛盾和冲突，又由于地理因素的阻隔而被封闭于一隅。现代社会依赖于重要行业的信息系统或工业控制系统的信息管理、通信和控制功能，同时科技的进步也使得关键信息基础设施的运行和控制方面的自动化程度逐步提高，近年来网络空间中关键基础设施的关联性变得越来越复杂，国家关键信息基础设施的潜在威胁因素也在急剧增加。关键信息基础设施的可用性、可靠性和安全性关乎人民的福祉、国家的发展，如若其遭到攻击破坏，将对国家政治、经济、科技、社会、文化、国防、环境和人民的生命财产造成严重的损害。

本章小结

既往历史，尤其是第一次世界大战和第二次世界大战的惨痛教训告诉我们，当今世界比任何时候都需要加强互联互通，在此过程中，各国比任何时候都需要结成更加紧密的命运共同体，共同创造面向未来的安全发展新格局，共同探索工业信息安全防护应对之道。

第五章 表里相济

工业控制系统免受攻击威胁的"桃花源时代"已经一去不返,工业信息安全事件对国家安全与世界和平均会产生重大影响。在"一带一路"沿线国家中,大部分国家工业化进程与网络基础设施相对滞后,在应对日益严峻的工控安全形势之际,仅凭借一国之力难以应对;中东欧、西亚、南亚等地区由于地缘政治、民族宗教、恐怖主义等原因导致关键基础设施攻击事件频繁发生,严重威胁国家安全与地区稳定。

第一节
再见桃花源

放眼世界,工业信息安全事件已经呈现逐年上升的态势,可以说,工业控制系统免受攻击威胁的桃花源时代已经一去不返。另外,由于工业控制系统广泛分布在产业生产领域及国家基础设施中,能够直接打击现实物理世界的正常运转,对社会秩序具有极大破坏性,其安全事件对国家安全与世界和平均会产生重大影响。在"一带一路"沿线国家中,有相当一部分国家工业化进程与网络基础设施相对滞后,各国在建设过程中不仅面临着工业信息化建设的艰巨任务,同时还需要应对日益严峻的工控安全形势,以维护国家安全与地区和平稳定,这些仅依靠一国技术力量已经难以应对。此外,中东欧、西亚、南亚等地区由于地缘政治、民族宗教、恐怖主义等历史现实问题而导致关键基础设施攻击事件频繁发生，严重威胁国家安全与地区稳定。我国一方面在工业信息安全领域已经开始初步探索，另一方面也在积极帮助各国加快基础设施建设。发展与安全为一体两面，不可偏废。表里相济，是指内外互相救助，在这个语境下指明了我国与这两类国家的合作方向。

从工业信息安全事件爆发的原因来看，工业系统信息安全水平与国家工业发展水平并非毫无关系，诚然，工业较为发达的国家工业控制系统防护方面的意识与技术水平均有所建树，但一旦遭遇美国、俄罗斯、以色列等政府背景参与的顶级高手也只能处于被动挨打的境地。同样，工业网络信息强国由于目标巨大，被国际恐怖组织、极端势力等劫持、破坏社会正常运转的事件也随国际地缘政治而起伏升降。总体来说，工业信息安全漏洞普遍存在于全球的工业控制系统之中，但是，利用漏洞发起攻击的地区与民族矛盾、意识形态冲突、极端势力、政治矛盾、恐怖主义肆虐地区重合度较高（见图 5-1）。

2017 年，全球发生 1182 起恐怖袭击案件，造成 7089 名人员死亡，比 2016 年同期均略有下降（见图 5-2）。2017 年也是工控信息安全事件集中爆发的年头之一。安全研究员发现并上报了数百个新漏洞，警告称工控系统和工艺流程中存在新威胁向量，提供了工业系统突发感染数据，并发现了定向攻击。自从"震网病毒"曝光以来，研究员首次发现了恶意工具包 CrashOverride/Industroyer，即一种用于攻击物理系统的网络工具。而据权威机构预测，未来全球地缘政治状况将进一步恶化，政治对抗激烈程度有增无减。世界经济论坛发布的《2018 年全球风险报告》认为，"世界在 2018 年进入风险加剧的关键期"，地缘政治状况恶化是产生上述悲观预测的部分原因，93% 的受访者认为主要大国间的政治或经济对抗将变得更为激烈，近 80% 的受访者预计大国间爆发战争的可能性增加。与此同时，网络攻击已经成为各国政治对抗的常规武器，列 2018 年五大全球风险第 3 位。其中，中东、南亚、北非等地区是国际暴恐活动的重灾区与策源地，也是国际反恐行动的重点区域；东南亚、欧洲、中亚地区成为恐怖主义新活跃区，反恐形势依然十分严峻。因此，本章接下来的内容将着重探讨"一带一路"建设过程中工业信息化发展相对滞后的国家及工业信息安全事件高发国家和地区的对策。

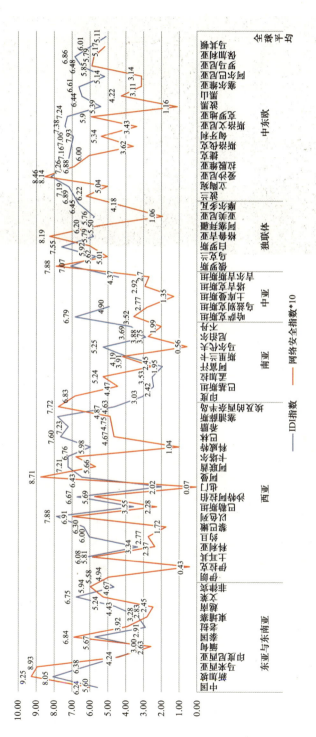

图 5-1 "一带一路"沿线国家 IDI 与 GCI 指数

资料来源：国家工业信息安全发展研究中心，整理自 ITU《全球网络安全指数 2017》《衡量信息社会报告 2017》。

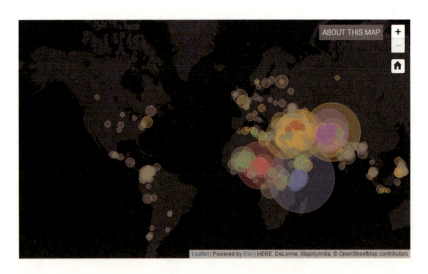

图 5-2　2017 年全球恐怖袭击事件分布

资料来源：https://storymaps.esri.com/。

第二节

安全不脱节

"兵者，国之大事，死生之地，存亡之道，不可不察也。"伴随着消费者移动化、物联网等新趋势，一方面工控系统威胁和潜在攻击通过多样化的攻击手段、专业的工具，有组织地获取利益，另一方面各国在工控系统安全领域积极进行国家战略布局。此外，技术强大的攻击者越来越多，可以方便地在工控系统中调动大规模资源，在全球范围内使攻击的速度更快、破坏性更强，导致一时间危机肆虐全球。而防守方仅凭传统的防守方案已经无法阻挡攻击，威胁、情报、检测、防护、态势感知都是新的防守技术，而更加智能化的安全模式也是应对威胁的新举措。各国应实时监测开放在互联网上的工控设备，以及分析和监督在互联网上以工控设备为目标的扫描、探测、渗透等行为。对工业与信息化发展相对落后的伊拉克、阿富汗、波黑、约旦、黎巴嫩、孟加拉国、老挝、菲律宾等国家，仅仅依靠自身力量已经难以跟上瞬息万变的安全形势（见图5-3）。为了不让工控系统成为国家安全最弱的一环，各国亟须加强工业信息安全意识，并积极探索行之有效的国际合作途径。

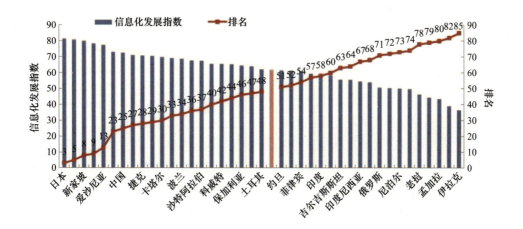

图5-3 "一带一路"沿线国家信息化发展指数与世界排名

资料来源：《国家信息化发展评价报告（2016）》。

在法治化建设方面，缅甸、阿富汗、科威特等国家处于起步阶段，部分国家仅仅在现有刑法或法典中简单加入有关计算机或互联网的措辞，或将诸如欺诈、造假、监控或偷窃等规定扩展至网络空间范畴，严重影响国际执法合作。在组织机构方面，马尔代夫、尼泊尔、科威特等网络安全初始国家还未成立CERT等实体机构，网络安全国际合作也极为有限、单一。基础设施发展的差距直接影响"一带一路"沿线国家基础设施的联通与政策的沟通协调。在标准建设方面，"一带一路"沿线国家在国际标准体系的引入与融入方面不太乐观，目前仅有22个国家具有官方批准的用于实施国际网络安全标准的国家性（或地区性）框架。在测评认证方面，"一带一路"沿线国家中有17个国家具有官方批准的对国家机构和公共部门专业人员进行认证、测评的专门体系，多数国家此方面功能缺失，这也对国家工业系统安全造成威胁。

另外，尽管许多国家的工业信息安全保障体系尚未建立，但这些国家的网络建设却在飞速发展。2018年，国际电信联盟发布的最新报告《信息通信技术、最不发达国家和可持续发展目标：在最不发达国家实现普遍和可负担的互联网》指出,最不发达国家在实现第 9 项联合国可持续发展目标,即增加对信息和通信技术的使用方面展现出显著的进步。所有 47 个最不发达国家都已推出 3G 服务,覆盖 60% 以上的人口,这些国家也有望达到平均 97% 的移动宽带覆盖率,并在 2020 年之前实现可负担的互联网。因此,在"一带一路"框架下,最不发达的国家亟须与先进国家全面合作,尽快建立基本的安全防护与应急体系,以应对日益复杂的安全形势。

针对网络安全发展处于起步阶段的国家,加强"一带一路"沿线国家工业信息安全合作的首要重点就是提升沿线国家对国际通行网络安全政策工具的引进与吸收,特别是加强对风险隐患的分析与评估,以及对系统性风险的联合管控。经过多年的积累,近年来,我国从法律法规、战略规划、标准规范等多个层面对工业信息安全做出了一系列工作部署,提出了一系列工作要求。我国已建立了与国际接轨的测评标准,建成了多层次的互联网应急处理体系,成立了专门的漏洞分析职能机构,在网络安全政策工具的理论建设、管理体系及实践工作中已取得一系列重要成果。因此,我国可充分利用好已有资源,加强对"一带一路"沿线国家的技术支持与人才培训,助其提升网络治理的国际化水平。

第三节

威胁集中地

如今,随着工业化和信息化的深度融合,工控系统和信息系统高度集成,由此催生出一大批智能终端与系统,极大地方便了人们的生活,提高了企业的综合效益。由于工控系统逐渐打破了以往的封闭性,逐步采用标准、通用的通信协议及软硬件系统,甚至有些工控系统已连接到互联网进行远程操控。这使得工控系统面临恶意代码、黑客入侵等网络安全威胁。由于工控系统多被应用在能源、电力、交通、石油化工、市政等与国计民生息息相关的行业中,其一旦发生网络安全事故,将直接威胁公共安全与社会稳定,甚至会造成严重的经济损失。近年来,个人、社会组织、国家之间为了达到政治、军事、经济、信仰等诸多目的,越来越多有目的的黑客把攻击目标转移到关键基础设施。对网络犯罪分子、恐怖分子而言,攻击关键的基础设施,如医院、公共交通系统、警察部门、能源系统、电信及其他公共配套设施等,所带来的社会后果会进一步加强他们的犯罪动机。2015年12月,ISIS就曾推出名为 Kybernetiq 的"网络安全"杂志,招募 ISIS 网络士兵,同时教授其如何以匿名手段攻击网络目标。网络攻击技术已经成为恐怖分子、激进分子的攻击武器,一旦被利用或不顾及后果进行破坏,极有可能引发灾难性后果。工控系统脆弱的安全状况及日益严重的攻击威胁,已经引起"一带一路"沿线相关国家的高度重视,甚至提升到"国家安全战略"的高度,并在政策、标准、技术、方案等方面展开了积极应对。国家主管部门在政策和科研层面正在积极部署工控系统的安全保障工作,大力加强重点领域工控系统信息安全管理。

1. 深陷地缘政治危机的乌克兰

乌克兰的经济实力和实际影响力在独联体国家中仅次于俄罗斯。从地缘政治角度来看,乌克兰是欧洲除俄罗斯外领土面积最大的国家,有1000多千米海岸线,与黑海沿岸的土耳其、保加利亚、格鲁吉亚、罗马尼亚和俄罗斯南部均有便捷的海上通道。从陆地边境来看,乌克兰东靠俄罗斯,北邻白罗斯,西部与波兰、斯洛伐克、匈牙利等中东欧国家接壤,通过东欧国家进入西欧的路径也十分便捷。自从苏联解体以后,在美国、欧洲、俄罗斯三大势力的插足下,独立后的乌克兰地缘政治走向摇摆不定。

2013年,乌克兰国内紧张局势愈演愈烈,直至爆发内战。在短短3个多月内,乌克兰局势发生了剧变:政府被颠覆,内乱升级,大国干预力度不断提升,国家前景扑朔迷离。乌克兰剧变,原因很多,其中由欧洲、美国掌控下的网络力量发挥了举足轻重的作用。据斯诺登爆料,西方大国肆无忌惮地通过无处不在、无孔不入的网络对乌克兰进行了政治渗透、文化输出和舆论操控,大力支持和煽动亲欧美派的颠覆行动。在此过程中,欧洲、美国利用网络手段引导并操控社会舆论、实施网络监控和信息攻击,并对乌克兰反对派提供了大量资金支持,自2013年9月以来,乌克兰政府官方网站和国家安全局网站受到境外黑客近百次攻击,最终彻底瘫痪。

2015年冬,乌克兰西部突然陷入黑暗,某州一半的人口失去电力供应。

自从爆发局部冲突以来，停电已经是乌克兰人民最常见的"娱乐形式"，但这次却和以往有所不同：幽灵般的黑客潜入了电力供应系统，在千里之外切断了电网。造成 100 万人断电的元凶，是一个看上去很普通的 Excel 文件，然而，你一旦打开它，就会亲手把"魔鬼"从瓶中放出来。它会悄无声息地释放一个下载器，前台风平浪静，后台却暗流奔涌——全速下载一套凶残的攻击程序。这个攻击程序就是臭名昭著的"暗黑能源"——专为破坏工业控制系统量身定制的武器。有证据表明俄罗斯曾经使用这个攻击程序攻击过北约、波兰和乌克兰。为了逃脱查杀，有人在攻击前一个多月就对它进行了最新的变种编译。这一版的"暗黑能源"整合了数十个强大的木马和病毒，其中包括"杀盘"（Killdisk）——一个可以删除电脑中所有数据及引导信息的病毒。这些木马病毒侵入核心输电系统，并合力切断电网。由于磁盘全部被破坏，系统根本无法重启，以至于用了 3～6 小时电网才得以恢复运转。

目前，乌克兰的核电站、机场、铁路系统等关键基础设施都面临着严峻的网络威胁，在乌克兰总统大选期间，卡巴斯基的反病毒系统多次未能测出乌克兰国家核心网络资源遭受攻击，给选举造成威胁。乌克兰政府宣布将不再从俄罗斯公司购买软件和 IT 技术，尤其是卡巴斯基的产品。2017 年 6 月，全球范围内爆发的勒索病毒也对乌克兰造成了较大影响。乌克兰政府机关，以及多家石油、能源、通信、制药等领域公司的计算机遭到病毒攻击。

为了应对频繁发生的网络攻击，在 2016 年新版《网络安全战略》的基础上，乌克兰总统波罗申科 2017 年 8 月颁布总统令，批准了乌克兰国家安全与国防委员会关于加强国家网络安全的决定，法令指示必须加强对乌克兰重要系统的保护。乌克兰最高拉达（议会）2017 年 10 月 5 日通过了《网络安全法》，将建立乌克兰国家网络安全的基本体系，通过对国有、私营部门及公民社会采取组织行政和技术措施，将政治、社会、经济和信息关系进行整合。乌克兰也已成立由权威 IT 安全专家组成的网络安全团队，管理关键基础设施网络以防止网络攻击。乌克兰军队也成立了专门的网络防御部门。

2. 网络恐怖主义重灾区——伊拉克、巴基斯坦、阿富汗

"一带一路"建设构想的核心内涵是主动发展与沿线国家的经济合作伙伴关系，而恐怖主义盛行愈发成为"一带一路"沿线国家五大非传统安全问题之首。据统计，2017年9月全球共发生123起恐怖袭击事件，其中89起恐怖袭击事件发生在"一带一路"沿线国家。火眼公司发布的《亚太地区网络攻击报告》指出，全球地区网络攻击"驻留时间（攻击者入侵网络—入侵被检测）"中位数为99天，亚太地区的网络攻击"驻留时间"中位数为172天，欧洲、中东和非洲的攻击"驻留时间"中位数为106天，美国为99天。"驻留时间"越长，攻击者获得的目标信息越多，而对网络带宽和正常互联网访问的影响也越大。工业信息安全事件高发既是"一带一路"沿线各国目前面临的现实威胁，也是"一带一路"合作顺利推进需要警惕的潜在风险。

长久以来，伊拉克、阿富汗、巴基斯坦3个国家都属于恐怖主义袭击频发的地区。伊拉克境内是伊斯兰国（ISIS）的主要活动区域，虽然2017年11月21日，伊朗宣布ISIS已经被剿灭，但ISIS在伊拉克的恐怖袭击事件丝毫没有消失迹象。仅在伊拉克首都巴格达内，自ISIS被宣布剿灭以后至2017年12月31日，就出现了10起由ISIS发动或疑似ISIS发动的恐怖袭击，平均4天就有1起。阿富汗境内是塔利班组织的大本营，也是ISIS频繁活动的地区。2017年，仅在阿富汗首都喀布尔，塔利班组织就发起了至少15起恐怖袭击，ISIS也发起了17起恐怖袭击，总计造成600多人死亡。巴基斯坦与阿富汗具有漫长的边界线，且边界区域地形复杂，多高山，因而边境成为恐怖分子绝好的藏身之处，大量恐怖分子从阿富汗偷越边境至巴基斯坦境内，使巴基斯坦境内，尤其是与阿富汗接壤的西北边境地区成为恐怖袭击多发地区。在靠近阿富汗的巴基斯坦西部城市基达，2017年受到包括ISIS和塔利班在内的众多恐怖组织共19起袭击。恐怖活动也从巴基斯坦、阿富汗边境蔓延至巴基斯坦中东部地区，ISIS在巴基斯坦东部城市萨温城发动的一起恐怖袭击造成了91人死亡。

伊拉克、阿富汗、巴基斯坦3个国家恐怖袭击频发的现状各有特殊历史、地理原因。伊拉克境内伊斯兰教什叶派和逊尼派对立严重、萨达姆的专制统治，以及两伊战争、海湾战争、伊拉克战争带来的损害不仅摧毁了伊拉克的政治和经济，更加重了伊拉克国内不同势力间的对峙和对抗；同时，丰富的石油资源和重要的战略位置也引得外部势力干涉伊拉克事务，扶持不同派系，加剧了这种对抗。阿富汗境内是基地组织的发源地和主要活动区域，因其重要的地理位置，苏联于1988年入侵阿富汗，本为对抗苏联入侵的军事游击组织——基地组织在这一时期创立。在苏联撤出后,基地组织继续存在,将目标转为对抗美国和全伊斯兰腐朽政权。因在对抗苏联过程中积累的战斗经验、获取的外部物资和收缴的遗留武器,基地组织迅速壮大,并依靠阿富汗境内复杂多山地的地形而难以被消灭。巴基斯坦与基地组织大本营阿富汗相邻,因边界线漫长且多为山地、地形复杂而成为恐怖分子藏身并向东发展的大本营。除了上述历史、地理方面的特殊原因,3个国家恐怖活动频发还有社会、经济上的一致原因,或因战乱影响,或因环境限制,或因人口压力,社会、经济发展都较为滞后,尤其是基础设施建设和基本消费品生产极为匮乏,进一步强化了恐怖分子产生的土壤。

信息化时代的到来,引起并加剧了网络恐怖主义。一方面,和传统恐怖主义一样,经济发展滞后带来的贫困、混乱、羸弱让当地成为网络恐怖主义的温床;另一方面,电子信息基础设施建设的落后,使得当地信息网络整体脆弱而易于攻击,政府、企业又无法建立完善的网络安全体系,网络环境复杂而失控,使得这3个国家均成为网络恐怖主义攻击的目标和来源。

网络恐怖主义是,"有预谋的、有政治目的及针对信息、计算机系统、计算机程序和数据的攻击活动,由此国家集团或秘密组织发动的打击非军事目标的暴力活动。"区别网络恐怖主义和一般网络罪犯和黑客的关键在于发起人和发起目的,恐怖组织及其特殊政治目的成为网络恐怖主义的特征。具体而言,在伊拉克、阿富汗、巴基斯坦境内乃至全世界范围内发生的网络恐怖主义活动,一般可以归结为以下5种具体形式:①通过网络组织和策划恐怖袭击;②通过网络宣传恐怖主义;③在网络上招募人员、筹措资金;④在网络上传授暴恐技术;⑤实施网络攻击和破坏。其中,前4种可以归为一类,属于利用网络便利进行的传统恐怖活动,网络只是工具;第5种属于单独一类,直接针对网络发动攻击,不同于传统以人身和物质为目标的恐怖活动,网络成为目标。近年来,恐怖分子开始从利用网络转向攻击网络。网络上出售攻击程序、系统漏洞和用户信息的黑市遍布全球,甚至还可以通过掮客牵线"买凶",实施网络攻击的门槛大大降低。此外,激进分子、黑客、恐怖分子之间的界线也越来越模糊,不排除未来出现三者"合流"的可能。例如,名声赫赫的黑客组织"叙利亚电子军",越来越多地插手国际、国内事务,影响恶劣。2013年4月23日,该组织盗取美联社官方推特账号,谎称"白宫发生两起爆炸，奥巴马受伤"，美国股市应声大幅波动，损失约2000亿美元。

网络恐怖活动遍布全球，但在伊拉克、巴基斯坦、阿富汗3个国家尤其严重。一方面，作为ISIS和塔利班两大恐怖组织的大本营和传统活动区域，来自这3个国家的恐怖组织进行了大量网络恐怖活动；另一方面，网络基础设施的落后，尤其是网络安全体系的孱弱，让这3个国家无法应对网络恐怖活动，只能任由其发展。例如，2/3的中东组织无法应对复杂网络攻击，近70%的中东IT专家对本公司的网络安全措施缺乏信心，当地相关法规不健全，无法有效分配资源应对网络攻击。

3. 黑客犯罪试验场——印度

印度是一个充满反差和多样化的国家，其众多的族群、信仰、语言和政治变化构成了当今的文化和社会。同时，作为全球IT产业的主角，印度高等学校的很多毕业生成了程序员、计算机工程师或其他IT专业人士，并有许多人在美国、澳大利亚、欧洲和全球其他国家工作。同时，班加罗尔地区也已经演变为印度的硅谷，那里运营着数量庞大且多样的IT公司。随着信息和通信技术（ICT）激增式的发展，一个值得注意且充满IT安全挑战的特色网络已经在印度形成。

作为世界信息技术大国之一，印度是仅次于美国的世界第二大计算机软件生产国，但也是恶意软件主要受害国之一，工业信息安全问题给印度的工业、信息产业乃至国家安全造成了重大威胁。总体来说，印度的信息安全威胁主要集中在斯里兰卡、巴基斯坦、马来西亚、印度尼西亚、泰国、中国和俄罗斯等国家组织缜密的跨国团伙进行的信用卡和银行卡欺诈。同时，大量的僵尸网络和命令与控制服务器（C&C）及数量可观的旨在攻击本地关键基础设施的威胁也让印度时刻如鲠在喉（见图5-4）。

更值得关注的是，计算机已经成为印度社会和生活的重要组成部分，一个本土黑客产业在印度逐渐成形。印度黑客的一个重要特征就是大部分都使用英语，英语是连接印度不同种族及商业和高等教育中的主要语言。这意味着印度黑客可以超越阿拉伯或中国黑客，更频繁地参与国际黑客论坛，通过分享知识促进关系增长并与全世界的黑客进行合作。因此，无论是本地的印度黑客还是更广泛意义上分布于全球的印度黑客，都存在于全球的英语黑客论坛中。

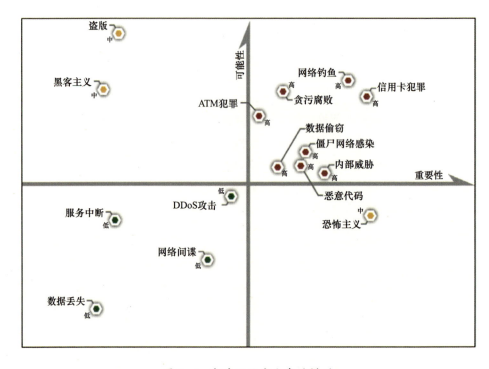

图 5-4 印度网络安全威胁模型

注：Y 轴表示发生的可能性；X 轴表示重要性，即可能影响的范围。

资料来源：IDF_Lab，《印度网络威胁概览》。

印度电子部部长表示，印度 2017 年上半年遭遇了超过 27 万起网络安全威胁事件，印度首都新德里每 10 分钟就发生一次网络犯罪事件，且 2017 年上半年就发生了 22782 起此类投诉。2017 年 10 月，已被泄露的印度 6000 多家互联网服务提供商、政府机构和私营企业的信息在暗网出售。2017 年 8 月 3 日，印度多地发生网络攻击事件，影响了 Bharat Sanchar Nigam Limited（BSNL）和 Mahanagar Telephone Nigam Limited（MTNL）这两家印度国有电信服务提供商的机房内的调制调解器及用户的路由器，事件导致印度东北部、北部和南部地区调制调解器丢失网络连接，6 万台调制调解器掉线，影响了 45% 的宽带连接。

2014 年，赛门铁克（Symantec）发布的一份网络安全威胁研究报告（ISTR）显示，印度成为全球第二大最易遭黑客利用社交媒体进行网络犯罪的国家，仅次于美国。印度更容易成为黑客目标的原因有以下几点：首先,印度不断增加的网络用户都是网络初次使用者,所以面对网络诈骗更易上钩;其次,印度当地智能手机市场的增长速度也在不断攀升;再次,印度政府有很大的意愿投资科技产业,这使黑客有利可图;最后,印度政府与企业用于网络安全的预算不足。印度信息科技行业用于网络安全的总预算只占2%～5%,而一些发达国家一般占8%～10%。

为了应对以上问题,印度反黑客学院成立了新公司HLSS,以填补网络安全人才空缺,致力于为印度调查机构、军事单位和政府机构提供顶尖的网络安全培训计划,并创立网络安全专业人才工作组,提升印度网络安全实力。根据2013年印度的《国家网络安全政策》,印度政府将成立包含200万名网络安全专业人才的工作组。HLSS的成立将减小网络安全人才缺口。

而放眼世界,网络黑客已不仅仅局限在个人、组织层面,更为隐性的国家型黑客以本国利益为出发点,以实现国家战略目标为导向,正在成为在全球工业信息安全领域掀起狂风巨浪的幕后黑手。

√ 英国——监控型黑客

路透社曾报道,英国拥有全球杰出的窃听机构——政府通信总部(GCHQ)。政府网络能力方面,英国政府承认其间谍正在发展GCHQ和国防部的网络进攻能力,以实施国家进攻网络计划。

√ 俄罗斯——政治黑客

俄罗斯黑客似乎以政治入侵为主。俄罗斯黑客主要为政治候选人助一臂之力,或干扰政治候选人当选,以维护俄罗斯利益或在全球范围内散布民主统治的"重重疑云"。政府能力方面,俄罗斯政府承认成立了"信息军",通过网络手段散布、宣传信息,以控制舆论导向。

√ 以色列和伊朗——地缘政治黑客对手

据《华尔街日报》报道,以色列是全球最先进的网络间谍国家之一,而《芝加哥论坛报》报道称,伊朗因响应地缘政治威胁发动攻击而广为人知。政府能力方面,以色列国防军8200部队相当于美国的NSA,其目标包括收集信号情报、制定进攻性网络战略、负责网络安全和加密等。2015年,以色列政府宣布成立新的网络防御局,与国家网络局共同协作。伊朗网络防御司令部肩负防御使命。以色列国家安全研究所(INSS)曾评估称,伊朗革命卫队充当进攻角色。据英国路透社消息，以色列战略事务部建立了一个由前总理和前联合国大使组成的秘密机构 Kella Shlomo，旨在网络宣传活动中对国际上的反对声音予以反击。该机构主要开展"大众宣传活动"，以抵制国际上针对以色列的"非民主化运动"。

√ 朝鲜——金融网络黑客

朝鲜黑客惯于实施金融网络间谍活动。皮德森国际经济研究所预计，朝鲜外汇收入的 10%～15% 来自网络攻击。政府网络能力方面，据 BBC 报道，朝鲜政府黑客单位"121局"（Bureau 121）有约 6000 名黑客。据预计，朝鲜将 10%～20% 的军事预算用于实施网络行动。

本章小结

发展与安全为一体两面，不可偏废。我国一方面在工业信息安全领域已经开始初步探索，另一方面也在积极帮助各国加快基础设施建设。表里相济，是指内外互相救助，在这个语境下指明了我国与工业化进程滞后、频繁遭遇攻击威胁的国家的合作方向。

第六章　投石探路

在全球工业信息安全事件逐年高发的形势下,每个国家都开始加强关键基础设施建设,从石油管道到电网,从民航到水运网,从交通到金融/银行系统,逐步引入网络管理和监控系统。而由于信息技术发展迅猛、网络化程度高,美国、欧盟等西方发达国家和地区及"一带一路"沿线国家中的先行者早已认识到保障重要行业国家关键信息基础设施网络安全的重要性,纷纷采取一系列保障措施,筹建专门机构,制定战略规划和相关标准依据,开展理论研究和模拟仿真的研究工作,实施一系列安全演习,提升国家关键信息基础设施的安全保障能力。

第一节
三人行,必有我师

"全球网络安全指数"(Global Cybersecurity Index)相关报告考察了134个国家的国防实力,重点考察5个因素:科技、组织、法律、合作和发展潜力。该报告按照不同的方式对这些国家进行排名,包括在网络安全问题上"最负责任的"国家排名。在网络安全方面最负责任的国家排名中,进入前十名的国家为马来西亚、阿曼、爱沙尼亚、毛里求斯、澳大利亚、格鲁吉亚、法国、加拿大和俄罗斯等。其中,格鲁吉亚和法国并列第8名。令人意外的是,尽管世界各国贫富差距很大,但是一些发展中国家,如马来西亚和阿曼在网络安全方面表现出来的责任感竟然高于法国和加拿大等国家。

1. 重典以治乱的新加坡

新加坡是最早推广互联网的国家之一,在网络安全立法和监管方面有着较为成功的治理经验。新加坡政府认为,网络安全是至关重要的战略阵地,其对于国家安全、社会稳定和个人权益的保障具有不可替代的支撑作用。新加坡通过不断完善网络安全立法,协调监管部门之间的职责,加强网络监管等举措提高网络安全的保障能力。不了解内情的人或许以为,新加坡是网络攻击的绝缘地,事实却正好相反,一直以来,新加坡都是网络攻击的重点目标。2017年5月,美国云端服务公司阿卡迈技术公司发布的一份报告显示,2017年第一季度新加坡遭到了450万起互联网应用攻击,因此被列为全球遭受攻击最多的10个国家之一。

如今得到国际社会认可的新加坡网络安全策略,是随着网络安全威胁的每一次升级,而不断进行升级,历时10余年才锤炼而成的。早在1997年,新加坡就成立了国家计算机应急反应队伍。2005年,新加坡发布了首部《信息安全总体规划(2005—2007)》,2008年和2013年,新加坡又先后推出了第二部、第三部《信息安全总体规划》。与以上规划相配套的还有专门监管部门的建设。2009年新加坡成立了资讯通信科技安全局,主要职责为监管和保障关键信息基础设施领域的网络安全问题。2014年新加坡信息通信技术安全局成立国家网络安全中心(NCSC),维护网络态势感知,提供国家级大规模跨部门的网络事件应对措施;2015年新加坡成立了网络安全局(CSA),由总理办公室(PMO)成立,由通信信息部(MCI)进行行政管理。CSA致力于协调跨政府、工业、学术、商业和人事部门及国际性工作,保障国家网络安全,制定实施网络安全政策法规;2016年7月,新加坡内政部(MHA)启动了国家网络犯罪行动计划。

2016年,新加坡提出打造数字化智能国家的计划,对网络和数字科技的依赖与日俱增,对网络安全越发重视,推出了《新加坡网络安全策略》,旨在推动政府机构、网络行业、专家学者和主要服务业者等各利益方共同努力打击网络犯罪。该策略提出了新加坡网络安全的愿景、目标和要点,主要包括以下4个方面。

✓ 建立强健的基础设施网络

新加坡政府将促进关键信息基础设施保护，共建网络风险管理流程；扩展补充国家资源，如国家网络事件应变小组（NCIRT）和国家网络安全中心（NCSC）；引进网络安全法，加大政府系统和网络的保护力度，与运营商和网络安全团体等相关部门加强合作，共同保护国家关键设施网络。

✓ 创造更加安全的网络空间

为有效应对网络犯罪威胁，政府将实施最新颁布的国家网络犯罪行动计划；建立可信数据生态系统，巩固新加坡作为可信中心的地位；与全球机构、他国政府、行业伙伴及互联网服务提供商合作，以便快速识别并降低互联网基础设施上的恶意行为。

✓ 发展具有活力的网络安全生态系统

政府将与社会企业和高校合作，通过奖学金项目和特殊课程培养网络安全人才，并在社会层面加强网络安全就业和相关的技能培训；另外，政府还将与企业和学术界合作，成立先进技术公司，培养当地初创企业，推动开发优秀的解决方案。

✓ 加强国际合作

新加坡致力于就网络安全加强国际合作，以便共同保护全球安全。新加坡将积极与国际团体，尤其是东南亚国家联盟开展合作，解决跨国网络安全和网络犯罪问题；支持网络能力建设倡议、促进网络规范和立法交流。

2018年2月，新加坡又通过《网络安全法案》，并重点关注关键基础设施领域网络安全建设，加强11个关键信息基础设施应对网络袭击的能力，授权网络安全局预防和应对网安事故及制定网安服务提供者的管制框架。《网络安全法案》明确了11个关键信息基础设施领域，包括能源、水资源、银行、金融、医疗保健、海陆空交通、信息通信、媒体、安全、紧急服务和政府。政府是在咨询各领域监管单位和潜在的关键信息基础设施拥有者后，才确定了这些关键领域。

2. 凭信息技术加强影响力的爱沙尼亚

爱沙尼亚，位于波罗的海东岸，国土总面积约4.5万平方千米，人口约

130万,1991年才宣布独立。但是,这个看似不起眼的波罗的海小国,却是当今全球数字信息技术发展最发达的国家之一。它是第一个通过网络进行总统选举的国家,也是第一个将"上网是公民的基本权利"写进宪法的国家,更是第一个推出"电子身份证"的国家,是 Skype、Hotmail 等著名科技企业的诞生地。爱沙尼亚现在拥有全欧洲速度最快的互联网,网络普及率高达98%;政府已经基本实现"无纸化"的电子政务运作;99% 使用电子身份证的爱沙尼亚人可接入 4000 多项公共和私人的数字化服务;98% 的银行交易在网上完成,在网上注册一家公司只需要 18 分钟。

在最近几年里,由于黑客攻击层出不穷,作为一个十分依赖网络的国家,爱沙尼亚必须为其数据和服务设置一道保险。除此之外,由于历史原因,爱沙尼亚一直以来对其东边的邻居——俄罗斯——的态度是十分警惕的。而如今作为欧盟成员国和北约成员国之一,爱沙尼亚目睹了乌克兰目前的局势之后,对自身的安全更加担忧。

2007 年遭受网络攻击后,爱沙尼亚更加致力于对抗网络犯罪和网络袭击,努力发展先进的国家网络安全技术,在网络安全发展方面走在欧洲国家前列。在国内,爱沙尼亚出台了网络安全国家战略,建立了网络防御机构。在国际上,爱沙尼亚以北约协作网络空间防御卓越中心为依托,培训来自全欧洲的网络专家,教授如何增强国家的网络防御能力;培训世界各地的领导人,让他们了解面对 2007 年的网络袭击,爱沙尼亚的应对行为,并且教授他们如何进行国家网络安全方面的建设。爱沙尼亚的行为成功促使北约成员国更新了他们的网络安全政策,进一步加大了爱沙尼亚在网络安全方面的影响力。

3. 具有军方技术力量特色的以色列

作为一个身居中东地区、有强敌环伺的国家,以色列在现实世界中面临的挑战环境,也反映在网络世界中。据以色列媒体报道,伊朗在网络空间打击以色列方面不遗余力。2012 年 1 月,沙特阿拉伯与以色列发生黑客大战,其中,大量以色列 SCADA 工控系统的地址被黑客通过推特(Twitter)连接到的一个文档暴露并被迅速转发,黑客收集的 SCADA 入口将会遭遇多国黑客的挑战。仅 2013 年和 2014 年,以色列就指责伊朗对其关键基础设施,如水电、银行等发动了网络攻击。除此之外,以色列媒体还表示,土耳其、巴勒斯坦、北非的一些国家都曾对以色列发动过网络攻击。2013 年 10 月,以色列北部城市海法(Haifa)的全国路网遭到了网络攻击,在城市主干道上造成了大规模的交通拥堵。攻击者使用恶意软件攻破了在卡梅尔隧道收费公路的完全摄像装置,并获得了控制权。攻击者在 20 分钟内迅速地锁定了主干道,并在次日关闭了整段路长达 8 小时,造成了大规模拥堵。2016 年,以色列国家基础设施、能源和水资源部部长尤瓦尔·斯坦尼兹(Yuval Steinitz)在 2016 特拉维夫 Cybertech 大会上表示,以色列国家电力局正在遭受着严重的网络攻击,这是基础设施遭受网络攻击的一个活生生的例子。

  由于其特殊的地缘政治因素,以色列一直以来将确保本国人能够应对各种水平的威胁视为政府的核心战略,正是这样常年不间断的网络攻击促使以色列政府大力发展安全防御技术,正因如此,以色列工控安全领域的爆发可以说也得益于其面对关键基础设施不断被攻击所积累的大量经验。在工控系统信息安全领域,以色列近年来发展迅猛,其中军方的技术力量是以色列独特网络安全生态体系的重要组成部分。然而各家公司的技术和方向有所不同,但是绝大多数工控安全厂商都存在一个共同点——它们都是由以色列军事信号情报组织 8200 部队(Unit 8200)的退伍人员组成的。2010 年,正是这支世界上最令人生畏的网络间谍部队被怀疑用蠕虫病毒 Stuxnet 成功让伊朗的浓缩铀设施瘫痪。不仅如此,以色列著名科技公司、工控安全厂商之一 Check Point 的创始人兼 CEO 吉尔·舍伍德就曾在 8200 部队中服役。近年来在工控安全领域成绩显著的 Cyber X 公司的两位创始人 Nir Giller 和 Omer Schneider 也是以色列国防部(IDF)经营网络安全部门的退伍军人。毫不夸张地说,8200 部队既是以色列工控安全厂商商业品牌和技术建立的基础,也是这些初创公司的青年人才孵化器。

第二节
见贤思齐

  我国非常重视工业控制系统信息安全问题。工业和信息化部 2011 年 9 月发布《关于加强工业控制系统信息安全管理的通知》(工信部协〔2011〕451 号),明确了工业控制系统信息安全管理的组织领导、技术保障、规章制度等方面的要求,并在工业控制系统的连接、组网、配置、设备选择与升级、数据、应急管理6个方面提出了明确的具体要求。国家发改委从2011年开始开展工业控制系统信息安全专项研究,涉及面向现场设备环境的边界安全专用网关产品、面向集散控制系统(DCS)的异常监测产品、安全采集远程终端单元(RTU)产品、工业应用软件漏洞扫描产品等产业化项目。在电力电网、石油石化、先进制造、轨道交通等领域,支持大型重点骨干企业按照信息安全等级保护相关要求开展工业控制系统信息安全建设的试点示范。2012年,国务院颁布《关于大力推进信息化发展和切实保障信息安全的若干意见》(国发〔2012〕23号),明确要求保障工业控制系统安全,重点保障对可能危及生命和公共财产安全的工业控制系统的安全。在关键基础设施安全保护方面,2016年11月7日,在十二届全国人大常委会第二十四次会议表决通过的《中华人民共和国网络安全法》对关键信息基础设施有如下描述:国家对公共通信和信息服务、能源、交通、水利、金融、公共服务、电子政务等重要行业和领域,以及其他一旦遭到破坏、丧失功能或者数据泄露,可能严重危害国家安全、国计民生、公共利益的关键信息基础设施,在网络安全等级保护制度的基础上,实行重点保护。该法于2017年6月1日起施行。2017年7月11日,国家互联网信息办公室公布备受瞩目的《关键信息基础设施安全保护条例(征求意见稿)》揭开了中国关键信息基础设施安全保护立法进程的新篇章。2017年6月,在工业和信息化部的指导下,国家工业信息安全产业发展联盟正式成立。

当前,我国的工业信息安全形势依然严峻,与"一带一路"沿线的工业信息安全强国相比,存在巨大的差距,并且随着"中国智能制造战略规划"的全面推进,我国工业领域的数字化、网络化、智能化水平加快提升,各类新技术、新产品、新模式不断涌现,信息安全风险隐患交织联动。与此同时,我国工业企业工控安全防护水平偏低,仍存在管理力度不足、防护措施不到位、人员意识不强和技术人才匮乏等一系列问题,无疑加剧了工控系统面临的安全风险。2017年第一季度,国家信息安全漏洞共享平台爆出我国新增工控系统行业漏洞30个,其中半数以上是高危漏洞。在维护国家安全与地区稳定上,我国亟须在以下3个方面加快提升。

1. 大力增强工业领域信息安全意识

一是网络安全宣传培训教育工作不足,员工的信息安全意识相对欠缺,无法帮助企业及时发现存在的安全隐患；二是拥有网络安全专业背景和技术能力的人员匮乏，一旦企业出现工业信息安全问题无法及时采取措施应对；三是大量业务系统、数据库使用弱口令，大大降低了黑客等不法分子突破企业边界的难度，使企业被攻击的安全风险急剧上升；四是网络安全管理制度不完善，且部分现行制度未能有效执行，例如，我国工业主管部门指导企业开展工业信息安全工作的相关文件未能有效执行，或企业员工未按管理规定开展相关工作，致使企业出现工业信息安全管理混乱、工业信息安全责任不明晰、生产数据等敏感信息外泄等问题。

2. 工控系统安全防护水平有待提升

通过我国 2017 年开展的工控系统防护能力评估工作发现，多数企业缺乏针对工控系统的有效防护措施，我国工业企业整体防护水平相对落后，仍存在工业主机安全管理和防护不到位、工控系统网络边界防护措施不足、工控系统未建立安全配置、工控系统未使用身份认证、部分无效服务默认开启等问题。国家工业信息安全发展研究中心通过工控系统在线安全监测平台发现，在暴露于互联网的重要工控系统中，约 20% 的工控系统可被远程入侵并完全接管；同时，工业企业的信息安全应急灾备手段不足，约 70% 的被查工业企业缺少完善的应急灾备体系，一旦发生信息安全事件导致数据损坏或丢失，将无法进行恢复。另外，企业安全管理制度落实不到位，U 盘、WiFi、手机的违规使用，以及系统源代码等敏感信息在开源平台泄露、公开，均为企业安全带来极大风险隐患。总体来看，相对发达国家，我国工业信息安全防护技术能力仍显薄弱，手段相对落后，事件应急较为迟缓，工业企业的信息安全防护水平亟待提高。

3. 核心技术产品自主可控程度偏低

当前，我国各行业、各领域的重要工控系统大量采购国外技术和设备，受制于人的局面尚未得到根本改变。针对国内数据库市场统计发现，Oracle、IBM、SAP 占据国内结构化数据库 70% 以上的市场份额，达梦、神舟、人大金仓等国产数据库仅占据 7% 的低端市场份额；在非结构化数据库市场，IBM、EMC、Oracle 占据了一半以上市场份额。据我国近几年重点领域信息安全检查工作统计，数千个工控系统由国外厂商提供运行维护，大量工业企业不具备自主维护能力，系统运行的可控能力较低；同时，缺乏对国外产品和服务的监管，缺少必要的技术检测措施和安全可控方案，风险难以掌握。

工业信息系统正从单机走向互联，从封闭走向开放，安全漏洞和风险不断涌现。网络无处不在，威胁无处不在，主权国家都在重大威胁之下，只有团结起来才能共同应对网络空间的威胁。另外，"一带一路"沿线的工业信息安全先进国家，如新加坡、爱沙尼亚等国家也积极参与并倡导国家间网络安全领域的合作。我国与以色列长期友好，在高新技术领域，政府合作紧密，民间交流热络。上海三零卫士信息安全有限公司就曾与以色列 RADIFLOW 公司通过技术研发合作，推出新型工业控制系统产品。

第三节

和衷共济

由于网络安全固有的特殊性和敏感性，对网络安全领域的合作，亟待加强国家层面的引导和监督。建议尽早将民间交流活动纳入政府管理视野，对于工业信息安全领域的先进国家，应抓紧"一带一路"建设的重大历史时机，以和平友好为目标，做大合作规模，提升合作层次，加强网络安全技术监管，以对方的发展历史与经验为借鉴，维护我国网络空间安全，提升我国参加国际网络空间治理的话语权和影响力。在地区和平方面，我国与工业信息安全领域先进国家的合作应聚焦在全球工业信息安全联合治理与联盟组织构建层面。

在工业信息安全联合治理方面，俄罗斯是"网络主权"倡导国之一。近年来，俄罗斯通过加强合作、联合声明等形式不断在国际组织和国际社会上发出声音。2011年，俄罗斯联合中国、塔吉克斯坦、乌兹别克斯坦等国家向联合国大会提交了《信息安全国际行为准则（草案）》，并于2015年提交该准则的更新版；2013年，俄罗斯在联合国国际电信联盟大会上提出"网络主权"倡议，呼吁世界各国之间加强互联网发展与管理中政府的作用。从中国、俄罗斯两国的网络空间合作来看，俄罗斯加强了与互联网新兴崛起国家的交往与战略层面的合作，强调以主权为核心的网络空间治理原则，并积极推动新的国际规则的制定。

在机构合作方面，2007年网络战之后，爱沙尼亚成立了网络防御联盟

(The Cyber Defence Unit of the Estonian Defence League),该组织是一个网络反击力量,它能够调动大众和网络专家一起承担国家网络安全防御任务。网络防御联盟致力于加强网络安全志愿人员的网络防御技能,其目的是加强国家应对网络安全危机的能力。该组织的建立增加了爱沙尼亚国内公私部门之间的网络安全合作,提高了大众的网络安全意识,加强了对网络威胁的预防和应对的支持。新加坡在发展具有活力的网络安全系统及加强国际合作方面具有极为丰富的经验,并将其纳入了新加坡《网络安全策略》。2016年10月,新加坡还宣布向"东盟网络能力计划"注资1000万新元,为本区域国家的网络安全培训做贡献。新加坡政府还积极参与东盟以外的国际合作。2017年6月,新加坡与澳大利亚签署了《关于网络安全合作的谅解备忘录》。此前,新加坡已经与法国、印度、荷兰、英国和美国签署了类似的文件。2017年7月,新加坡又与德国签署了《关于加强网络安全合作的意向书》。

本章小结

涉及安全的国际合作,特殊而敏感。工业信息安全作为一个兴起不久的领域,其国际合作更是一直处于探索阶段。当前有意愿、有能力开展合作的"一带一路"沿线国家多在信息化与信息技术领域卓有成效。我国应把握"一带一路"建设的重大机遇,借鉴优秀经验,寻找具有共识的合作伙伴,扩大合作范围,提升合作水平,从而把握话语权,提升国际影响力。

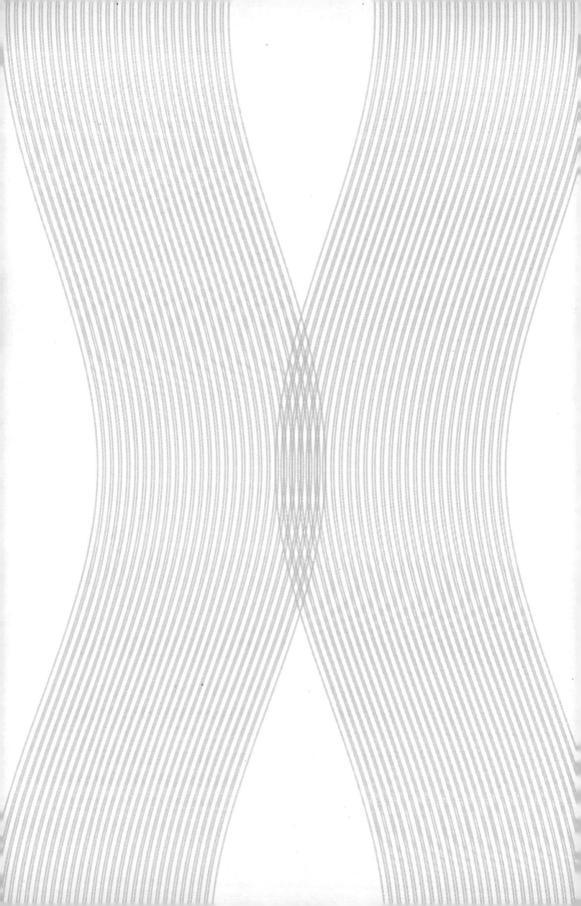

第七章　众行致远

如今，互联网让世界变成了"鸡犬之声相闻"的地球村，相隔万里的人们不再"老死不相往来"。人类社会插上了网络的翅膀。然而，互联网的缔造者成为网络战的始作俑者，现实世界的霸权、偷窃、欺诈、犯罪、攻击甚至恐怖主义问题延伸至关键基础设施安全领域，和平受到严重威胁。如何珍惜网络空间，让其真正成为人类社会的共同福祉，服务区域乃至全球的安全稳定，既要领悟盘古开天辟地，"气作风云、声为雷霆……因风所感，化为黎虻"之智慧真谛，也要看到网络铸造空间，以及催生新质生产力、文化力、国防力背后的竞争、博弈乃至对抗。

第一节

构筑，1+1>>2

"天下兼相爱则治，交相恶则乱。"以这句战国墨翟之语，警示工业信息攻击之危害。和平发展与战争重塑是两个相互交替而生的时代主题，交融而离散、矛盾且和谐。网络安全问题是全球面临的共同挑战，是国家稳定、地区和平的重要基石。国际间围绕工业信息安全问题的合作近年来逐步增多，而对于"一带一路"沿线国家，一方面，我国应积极地从新加坡、以色列等发达国家引进新的技术和成果，以提升工业安全防御整体能力；另一方面，中东、中亚、非洲等发展中国家又迫切需要我国向其提供先进的网络安全技术支持。这就为我国加强国际合作、深化对外开放提出了更高要求。

具体来说，在能力建设方面，现阶段我国开展工业信息安全领域的国际合作亟须提升区域工业控制系统态势感知、安全防护、应急处置和新兴领域安全4个方面的能力。

无论是我国还是"一带一路"沿线国家，国内的大量关键基础设施、重大工业控制系统，大部分是依靠国外厂商的设备和技术建立起来的。控制设备普遍存在的已知漏洞、未知漏洞及可能存在后门，成为阻碍我国制造业快速发展的绊脚石，也是国家安全的重大隐患。因此，及时掌握工业控制资产网络暴露情况，感知工业控制网络威胁态势，进行工业控制网络安全监测预警和应急响应能力建设成为首要问题。

在态势感知方面，一方面，帮助工业控制安全能力欠缺的国家建立工业信息安全监测网络，构建工业控制安全基本能力；另一方面，基于我国在态势感知方面的不足，与"一带一路"沿线信息安全先进国家交流合作，并且共同建设实施工业信息安全共享工程，并促进工业控制系统技术交流，以加快工业控制系统国产化进程。

在应急处置方面，积极联合"一带一路"沿线国家开展信息联合通报预警工作，建设"一带一路"工业控制安全信息通报预警平台，不失为一条提升多方安全防护能力的捷径。建设"一带一路"应急资源库，在全球性、区域性重大突发工业信息安全事件发生时，支撑国家间主管部门协调技术专家和专业队伍对事件开展联合分析研判，并调动相关应急资源及时有效地开展处置工作。

在安全防护方面，重点加强与先进国家的防护技术人员交流，支持建设"一带一路"工业信息安全共性技术交流平台，加强关键技术协同攻关，共同探索工业云、工业大数据等新兴应用的安全架构设计，开展工业互联网安全防护技术研究和创新。另外，在标准体系制定上加强分享沟通，制定工控安全分级、安全要求、安全实施、安全测评相关标准，加快工控安全防护能力评估、工控系统设备产品安全、工业互联网平台安全等先行标准的发布和应用。

新兴领域安全能力重点关注物联网、云安全和人工智能。目前，美国、日本均在物联网安全对策方面有所进展。日本总务省管辖的"情报通信研究机构"（NICT）初步决定制定在国内网络内实施搜索、调查存在安全漏洞设备的制度。美国国家标准技术研究所（NIST）发布的《网络安全实践指南》已经提出，"帮助消费者和小型企业缓解基于IoT的自动化分布式威胁"，并于2017年12月27日发布公告，邀请企业提供产品和专业技术知识，以支持并演示"缓解基于物联网的DDoS构建模块"项目安全平台。

在云安全方面，自云计算服务出现以来，发生的大量安全事件已经引起了业界的广泛关注，并进一步引发了用户对公共云服务的信任问题。从导致安全事件的原因来看，包括软件漏洞或缺陷、配置错误、基础设施故障、黑客攻击等；从安全事件的后果来看，主要表现为信息丢失或泄露和服务中断。全球数字安全领导者金雅拓表示，虽然全球绝大多数企业（95%）已接受云服务，但是，不同地区的公司采用安全措施的水平存在巨大差异。各组织机构承认，平均只有40%的云存储数据配有密码和密钥管理解决方案。英国（35%）、巴西（34%）和日本（31%）的组织机构在与第三方共享云存储敏感信息和机密信息方面不似德国组织机构（61%）那么谨慎。

2015年3月，美国颁布了《云安全标准1.0》，确保成功的10个步骤；随着技术的不断发展，2016年8月，美国对该标准进行了修订，并颁布了《云安全标准2.0》；主要包括10个步骤：确保有效的管理、风险和过程，审计操作和业务流程，管理人员、角色和身份，确保对数据和信息的适当保护，保护个人数据的策略，云应用程序安全规定的评估，确保云计算网络连接安全，物理基础设施和设备的安全控制评估，管理云服务协议中的安全条款，了解退出流程的安全要求。2015年2月，欧盟颁布《政府云安全框架》，旨在对系统性地应用云安全战略和政府云部署提供支持，并提出"计划—执行—检查—纠正"（PDCA）模式。PDCA模式是一种适用的连续性过程，ENISA将其用于政府云的信息安全管理系统，根据PDCA周期对政府云安全框架做出了定义，清楚地标识了过程中的各个步骤，并且包含评估（检查）和调整/更新（纠正）的概念。

为强化应对网络攻击的能力，日本防卫省期待人工智能在检测未知病毒、预测将要遭受到的攻击等方面发挥作用，为此决定从2018年开始，用两年时间开展调查研究，2019年起着手开发相关软件，2021年起在控制自卫队网络防御部队信息通信网络的系统中引入人工智能。此外，日本还计划将人工智能广泛用于防御所有政府部门的网络。

第二节

纵横，铜墙与铁壁

"凡益之道，与时偕行。"这是《周易》之益卦所言，明示了变通趋时、把握时机、判断选择的重要性。美国主导的"多利益攸关方"代替联合国模式,事实上让人类社会治理模式陷入没落的尴尬。即便如此,合作仍将是国际政治领域的主要现象,并在网络空间充分映射和延伸。对此,我国应积极利用好各类双边与多边机制及联合国等相关网络治理平台,适时开放并举办"一带一路"网络空间治理论坛等活动,在平等协商的基础上,加强"一带一路"沿线国家网络空间治理合作,发展网络空间治理的伙伴关系,在国际舞台上积极提出自己的网络安全治理方案,贡献我国在网络空间的"公共产品",提升发展中国家在网络空间中的国际话语权,为构建网络空间命运共同体而努力。

深化打击网络恐怖主义和网络犯罪国际合作。针对伊拉克、伊朗、阿富汗、印度等网络恐怖主义和网络犯罪猖獗的现象,我国应积极参加并推动国家间区域性对话与合作,依托东盟地区论坛等区域组织相关合作,推进建立金砖国家打击网络犯罪和网络恐怖主义的机制。另外,我国应加强与各国打击网络犯罪和网络恐怖主义的政策交流与执法等务实合作;积极探索建立打击网络恐怖主义机制化对话交流平台,与其他国家警方建立双边警务合作机制;健全打击网络犯罪司法协助机制,加强打击网络犯罪技术经验交流。

推动建立工业信息安全信息有序共享机制与联合防卫机制。"一带一路"沿线国家地缘政治、恐怖主义、网络犯罪等多重问题,导致该区域成为工业控制系统安全问题重灾区,因此,在推动与周边及其他国家信息基础设施互联互通和"一带一路"建设过程中,提升保护关键信息基础设施的意识,推动建立政府、行业与企业的网络安全信息有序共享机制,加强关键信息基础设施及其重要数据的安全防护。制定关键信息基础设施保护的合作措施,加强关键信息基础设施保护的立法、经验和技术交流。推动加强各国在预警防范、应急响应、技术创新、标准规范、信息共享等方面的合作,提高网络风险的防范和应对能力。2008年,北约网络合作防御卓越中心在爱沙尼亚成立,旨在提高北约网络防御的备战和内部协作能力,并制定网络防御准则,网络战争首次出现国际盟约。

建设工业信息安全多层次交流机制。为了提升"一带一路"沿线国家对国际通行网络安全政策工具的引进与吸收,特别是加强对风险隐患的分析与评估,以及对系统性风险的联合管控,在应急处理、漏洞分析、安全治理等方面加强"一带一路"沿线国家间的技术与人才交流,提升区域整体工业信息安全治理水平。2017年9月12日,第七届中国—东盟工程项目合作与发展论坛暨第四届中国—东盟网络信息安全研讨会在中国南宁召开,来自中国、缅甸、泰国、越南等国家的专家学者汇聚一堂,共同探讨工业控制领域的信息安全问题。

第三节
度法，借鉴与存异

"一带一路"沿线国家大部分都是互联网发展中国家，普遍认同联合国的多边治理模式，承认网络主权，与我国在国际网络空间治理上具有相同的利益基础与共同的问题。信息安全防护，特别是一个国家的信息安全体系建设，不断发展成为一个综合多层面的问题，包括工业信息安全法制体系、组织管理体系、基础设施、技术保障体系、经费保障体系和安全教育意识人才培养体系等。根据"一带一路"沿线国家的整体特点，建议着重在以下两个方面开展体系建设，以应对高发的安全事件与高危漏洞。

推动工业信息安全法制体系建设。由于"一带一路"贯穿亚欧非大陆，在地缘上跨经东南亚、东亚、南亚、中东、中东欧、中西亚等地，因此，网络建设的地缘特色十分突出。例如，受欧盟强法制观念影响，中东欧国家成为网络安全法律法规"高地"；俄罗斯、蒙古、中国等大国思维下的网络安全战略已较为完备；东南亚国家的网络安全建设多受日本影响，更加注重网络防御技术的构建。由于各国自然禀赋不同，经济发展水平各异，不同发展水平的国家网络安全规划重点也极为不同，初始国家的发展焦点仍聚焦在互联网基础设施建设、法律法规的制定、组织机构的建立上，例如，越南目前的网络安全建设重点主要集中在做好信息安全顶层设计，而领先国家则更多在网络安全标准的完善、网络安全资产的共享、网络安全合作的深化上着力。

推动工业信息安全标准体系建设。虽然"一带一路"沿线各国对网络安全的重视程度不断提升，采取了系列举措进行改进，但整体来说，"一带一路"沿线国家的信息化水平与网络安全建设在国际上处于跟随西方发达国家的阶段，例如，域内国家现行的网络协议标准、域名资源、操作系统、社交媒体等绝大多数都由以美国为首的发达国家作为供应商；在标准体系、技术创新、国际规则制定、国际执法合作上积极主动性不够。此外，各区域网络安全发展的短板也十分明显。例如，中亚地区的组织建设，南亚地区的能力建设，以及中东地区的国际合作都处于世界较低水平。再加上域外大国的过度介入，导致"一带一路"沿线国家的网络安全建设具有较为明显的排他性与闭塞性，形成了"欧盟—中东欧""日本—东南亚""俄罗斯—中亚"的"抱团"模式，致使域内国家网络安全法律法规之间的衔接与互操作性差，网络威胁信息不能及时共享，为跨"一带一路"沿线国家整体合作带来了挑战。

"和"是中国儒家文化的重要理论，是中华文明的价值取向和中华民族的优良传统。"和为贵""和而不同"，强调求同存异、相互借鉴、和谐共存。而在"一带一路"建设中，"和平之路"不仅是习近平总书记在"一带一路"国际合作高峰论坛上提出的，更是繁荣之路、开放之路、创新之路、文明之路的基础和前提。克服"一带一路"沿线工业信息安全挑战，不仅需要勇气、担当，还需要大智慧、新举措。从本质上说，"一带一路"工业信息安全助力和平之路建设，要在关键基础设施领域构建以合作共赢为核心的新型国际关系与话语体系，这必然要求各国在求同存异的基础上相互尊重、平等相待，不断凝聚和扩大共同利益，实现不同社会制度、不同发展道路、不同文化传统国家的和平共处、和谐共生。

本章小结

网络空间是人类共同的活动空间，要加强网络空间合作，努力建成互联互通、共享共治的网络空间命运共同体。这些理念得到"一带一路"沿线各国的高度关注和广泛响应，我们在信息化和网络治理上的经验深得认同。我们应以"一带一路"建设为契机，在学习网络强国优秀经验的基础上，基于"共商、共建、共享"的原则发挥比较优势，引领沿线国家在基础设施互联互通、能力建设、国际规则制定上的务实合作，为破解全球工业信息安全治理难题贡献中国方案。

第三篇

以"小"撬"大"
——繁荣之路的发动机

> 泰山不让土壤，故能成其大；河海不择细流，故能就其深。
>
> ——李斯《谏逐客书》

    西方有首童谣："钉子缺，蹄铁卸，战马蹶；战马蹶，骑士绝；骑士绝，战事折；战事折，国家灭。"这说的是公元1485年那场导致约克王朝灭亡的博斯沃思战役。很不可思议，一颗马掌钉成为战役成败与国家兴亡的关键因素，但我们得承认，这是事实。从全球来看，信息安全产业规模小，与庞大的工业和服务业相比似乎不值一提。恰恰是这样的小产业，却成为能够影响整个经济命脉，乃至国家兴之的"马掌钉"。

第八章　盛世之途

发展是解决一切问题的总钥匙。推进"一带一路"建设，要聚焦发展这个根本性问题，产业、金融、设施联通多管齐下，筑牢和平发展的经济纽带，释放各国发展潜力，实现经济大融合、发展大联动、成果大共享，进而推动和谐、稳定、均衡、普惠国际秩序的重塑。

第一节
经济之本

从太平洋西岸到大西洋东岸，直线距离10000多千米，这中间是世界上最大的陆地，即亚欧大陆。它像在太平洋和大西洋之间架起的一座桥梁，串联起了亚洲大陆和欧洲大陆的山山水水，为人类从太平洋到大西洋提供了陆路通行的可能。人类正是利用大自然提供的这一条件，构建和形成亚欧商贸交通大通道。这条通道，是数千年来沿途各民族、各国家共同开发、开拓而形成的，是亚欧人民相互交往、长期互通有无的产物，也是推动亚欧人民共同繁荣发展的重要支柱和动力。这条商贸交通大通道，有个美丽而充满诗意的名字——丝绸之路。

丝绸之路不仅见证了陆上"使者相望于道，商旅不绝于途"的盛况，也见证了海上"舶交海中，不知其数"的繁华。在这条大动脉上，资金、技术、人员等生产要素自由流动，商品、资源、成果等实现共享。阿拉木图、撒马尔罕、长安等重镇和苏尔港、广州等良港兴旺发达，罗马、安息、贵霜等古国欣欣向荣，中国汉唐迎来盛世。古丝绸之路创造了地区大发展、大繁荣。

而今，"一带一路"沿线涉及65个国家，总人口约44亿，经济总量约21万亿美元。在未来十年，这65个国家的整体出口将占全世界的1/3~1/2，将成为与美国、欧洲并列的名副其实的"第三极"。对此，习近平主席也在"一带一路"国际合作高峰论坛上提出要将"一带一路"建成繁荣之路。推进"一带一路"建设，要聚焦发展这个根本性问题，释放各国发展潜力，实现经济大融合、发展大联动、成果大共享。

目前，中国已经同很多国家达成了"一带一路"务实合作协议，其中既包括交通运输、基础设施、能源等硬件联通项目，也包括通信、海关、检验检疫等软件联通项目，还包括经贸、产业、电子商务、海洋和绿色经济等多领域的合作规划和具体项目。中国同有关国家的铁路部门将签署深化中欧班列合作协议。与此同时，中国将加大对"一带一路"建设资金支持，向丝路基金新增资金1000亿元人民币，鼓励金融机构开展人民币海外基金业务，规模预计约3000亿元人民币。中国国家开发银行、中国进出口银行将分别提供2500亿元人民币和1300亿元人民币专项贷款，用于支持"一带一路"基础设施建设、产能、金融合作。我国还将同亚洲基础设施投资银行、金砖国家新开发银行、世界银行及其他多边开发机构合作支持"一带一路"项目，同有关各方共同制定"一带一路"融资指导原则。

产业是经济之本。习近平主席在"一带一路"国际合作高峰论坛上指出，"我们要深入开展产业合作，推动各国产业发展规划相互兼容、相互促进，抓好大项目建设，加强国际产能和装备制造合作，抓住新工业革命的发展新机遇，培育新业态，保持经济增长活力。"5年来，"一带一路"建设取得明显成效，在"一带一路"框架下，中国已同80多个国家和组织签署共建合作协议，同30多个国家开展了机制化产能合作，在"一带一路"沿线24个国家推进建设75个境外经贸合作区，大大推动了贸易和投资自由化、便利化，为有关国家创造了大量税收和就业岗位。一些国家也纷纷将自身发展战略与"一带一路"对接，搭乘中国"顺风车"，在优势互补的基础上更好地实现自身发展。

例如,"一带一路"建设同俄罗斯提出的欧亚经济联盟、土耳其提出的"中间走廊"、英国提出的"英格兰北方经济中心"等发展战略实现对接。正因为如此,"一带一路"建设得到众多国家和国际组织的响应和支持。最新数据显示,2017 年,中国与"一带一路"沿线国家贸易额达到 7.4 万亿元人民币,同比增长 17.8%,增速高于全国外贸增速 3.6 个百分点。中国企业对"一带一路"沿线国家直接投资 144 亿美元,在"一带一路"沿线国家新签承包工程合同额 1443 亿美元,同比增长 14.5%。

在产业合作发展中,工业建设是现阶段的重中之重。"一带一路"沿线 65 个国家之间工业化水平差距较大,涵盖了工业化进程的各个阶段,大部分国家的工业化水平低于中国,面临着工业化发展的巨大任务(见表 8-1)。其中,处于前工业化时期的国家只有 1 个,处于工业化初期阶段的国家有 14 个,处于工业化中期阶段的国家有 16 个,处于工业化后期阶段的国家有 32 个,而处于后工业化时期的国家只有 2 个。可以看出,"一带一路"沿线国家总体上仍处于工业化进程中,且大多数国家处于工业化中后期阶段,大体呈现"倒梯形"的结构特征。

表 8-1 "一带一路"沿线国家工业化进程

工业化进程	中亚	东南亚	南亚	中东欧	西亚、中东
后工业化/工业化后期	2/5	4/11	1/8	13/19	12/19
工业化中期	0	2/11	1/8	6/19	6/19
工业化初期/前工业化	3/5	5/11	6/8	0/19	1/19
结构特征	哑铃形	哑铃形	金字塔形	倒金字塔形	倒梯形

资料来源:《工业化蓝皮书:"一带一路"沿线国家工业化进程报告》。

因此,除中国趋于过剩而其他国家却急缺的质优价廉产品"走出去"外,优势产业的转移也成为中国参与"一带一路"产能合作的又一重大目标。在工业产能合作过程中,信息系统的广泛应用、互联网技术的飞速发展让工业信息安全成为我国产能"走出去"过程中必须要关注的重点问题。

第二节

"黑产"之痛

2016年年初，黑客盗走了孟加拉国央行1亿美元。该行后来仅追回约2000万美元，剩下的则流入菲律宾的赌场及博彩公司。如果不是嫌疑人"手抖"拼错了地址，孟加拉国央行的损失可能高达10亿美元。因此引咎辞职的该行行长拉赫曼后来说，"所有的央行和银行都应该警惕网络袭击，这与恐怖袭击一样恶劣。"

2016年2月5日，孟加拉国央行安全交易办公室的系统出现故障，无法获取前一日的交易记录。2月6日，该行工作人员发现，他们的SWIFT金融交易系统无法打开。根据达卡警察局后来披露的信息，当时大屏幕上显示："文件缺失或更改。"该国央行当日最终重新进入系统，系统随即恢复正常，这时他们发现了纽约联储向他们发送的数条信息，内容是对孟加拉国央行2月4日通过SWIFT系统进行一连串转账提出质疑。

当他们发现异常交易时立即向美联储、马尼拉菲律宾中华银行、花旗银行、纽约梅隆银行、富国银行及斯里兰卡泛亚银行发出停止交易的指令，但为时已晚。孟加拉国周末为周五与周六两天，而周日则是工作日第一天。2月7日周日这天，当孟加拉国央行通过邮件、电报、电话等各种方式联系纽约联储时，纽约联储正值周末而未能及时回应。2月8日周一这天则正值菲律宾庆祝中国农历新年的假日。与其他央行一样，孟加拉国央行在纽约联储开设账户，用于进行国际支付。纽约联储总共收到了35个"虚假"的孟加拉国央行转账指令，并按照指令进行了5次转账，资金总额达1.01亿美元。但出于未知原因，纽约联储并没有继续按照黑客要求进行另外30次转账。如果这30次交易也成功的话，孟加拉国央行的损失可能高达近10亿美元。

在1.01亿美元中，2000万美元转到了斯里兰卡一个号称是非政府组织的账下，这部分资金已被追回。原因是，黑客在转账申请中将该组织名字中的"Foundation"错拼成了"Fandation"，交易中间行德意志银行对此提出质疑，并向孟加拉国央行寻求声明，因此阻止了这次交易。

另外8100万美元则转移到了菲律宾的4个账户中，据称是为支付孟加拉国的基建项目，包括桥梁、发电厂及达卡的地铁项目。接下来的一周，这部分资金被转到一个叫 William So Go 名下的账户，后又转给一个名为 Philrem 的汇款公司，然后进入了菲律宾博彩业。资金流入菲律宾博彩业后便不知去向，至今未被追回。

　　火眼公司的调查报告称，早在事发前几周，黑客便将恶意代码植入孟加拉国央行的服务器，模拟伪造该行从美联储账户中转账的信息，以处理并授权虚假转账。该行遭到入侵的计算机多达 32 台。除植入恶意软件外，黑客的恶意软件"拥有高级的指挥和控制性能"，通过使用黑客工具，包括键盘记录软件，监视击键记录，窃取了孟加拉国央行进入 SWIFT 系统的认证信息。SWIFT 系统是环球银行间金融电信协会（简称 SWIFT）提供的一个封闭系统，全球 3000 多家金融机构客户利用该系统通过发送安全的信息来授权金融交易。而直至现在，允许黑客通过 SWIFT 系统发送欺骗信息的恶意软件可能仍然还留在孟加拉国央行的网络系统中。可能还有更可怕的事情会发生，因为有些黑客对金融系统进行攻击，其目的"不是用来挣钱"，而仅仅是为了"使其瘫痪"。

　　在"互联网＋金融"快速发展的同时，各种金融领域的诈骗手法、擦边球模式也逐渐进入公众视野，从传统的以信用卡代办、小额贷款办理为由骗取小额手续费，到非法集资、非法外汇交易、非法贵金属等期货交易等。特别是金融诈骗引入传销手法，更是危害严重，如虚拟币传销、非法集资传销、商城返利传销等。2017 年，出现多起以"慈善""互助""复利"等为噱头的新型金融传销案件，对社会造成严重影响。2017 年 7 月，大型传销组织"善心汇"被查处。该组织打着"扶贫救济，均富共生"的幌子，以发展人员的数量作为获取提成的依据，骗取大量财物。此外，2017 年 12 月曝光的钱宝网，以高额收益为诱饵，要求投资者缴纳保证金，之后可通过签到、做任务、分享链接等方式获取高收益，涉案金额或达百亿元。根据英国安永会计师事务所（Ernst & Young）公布的最新报告，全球超过 10% 的 ICO 融资资金因黑客攻击损失或被盗。2015—2017 年，ICO 资金规模已经达到了 37 亿美元，ICO 公司发现 372 起黑客攻击，4 亿美元被黑客窃取，这表明加密货币市场是极具风险的。通常黑客会通过钓鱼方式来窃取资金，报告指出每月黑客能从 ICO 资金中窃取价值 150 万美元（约合 958 万元人民币）的加密货币。

　　确实，金融行业面临的潜在风险在不断增加，这也对金融机构开展跨境业务的能力提出了挑战。建立稳定、可持续、风险可控的金融保障体系，创新投资和融资模式，推广政府和社会资本合作，建设多元化融资体系和多层次资本市场，发展普惠金融，完善金融服务网络，需要金融行业持续探索研究。在我国金融行业"走出去"的过程中,由于金融行业的特殊性,金融系统漏洞不断被发掘,金融平台信息系统受到打击的潜在可能性不断攀升。

金融是现代经济的血液。血脉通,增长才有力。资金融通是"一带一路"建设的血脉和重要支撑。"一带一路"沿线基础设施建设的巨大资金需求及活跃的跨境并购活动,为我国金融行业提供了重要契机,2017 年以来,跨境资本服务机制已先后在印度、柬埔寨、老挝、巴基斯坦、越南等 7 个"一带一路"沿线国家实现落地,举行多场特色行业、企业境内外路演活动,累计为 50 家境外企业、逾 4000 家境内投资机构提供"线上 + 线下"的路演展示和信息对接服务,为境外企业与境内创新资本对接提供标准化解决方案。中英两国科创企业、投资机构之间持续构建双向服务机制,随着第九次中英两国经济财金对话的进行双向服务机制在 2017 年 12 月 16 日成功启动,将提供包括融资项目展示和路演、评估服务、企业培训、线上投融资社区、上市培育等全链条服务。

与此同时,金融系统漏洞越来越受关注,成为众多网络黑客、不法分子掘金的乐园。2017 年,腾讯态势感知系统累计发现有潜在风险的金融平台数万家(见图 8-1)。腾讯麒麟拦截的伪基站仿冒端口中,仿冒工商银行的诈骗短信最多(高达 49%),在 Top 5 仿冒端口中,除中、农、工、建四大银行外,还有运营商中国移动。不难看出,这些"躺枪"的企业用户群体巨大,业务模式中短信又尤为重要,因此成为伪基站诈骗团伙主要模拟的发送对象。

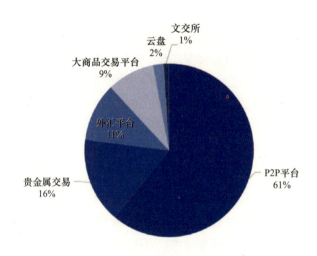

图 8-1　潜在风险金融平台分布

资料来源:腾讯态势感知系统。

第三节
寻回失落的"马掌钉"

习近平总书记指出:"丝绸之路首先得要有路,有路才能人畅其行、物畅其流。"设施联通是合作发展的基础,也是"一带一路"建设的优先领域。我们要着力推动陆上、海上、天上、网上四位一体的联通,聚焦关键通道、关键城市、关键项目,连接陆上公路、铁路道路网络和海上港口网络。

"道路通,百业兴。"5年来,在已经确立的"一带一路"六大经济走廊框架中,设施联通成为"一带一路"建设的亮点。我国与"一带一路"沿线国家签署了130多个涉及铁路、公路、水运、民航、邮政领域的双边和区域运输协定;制定了中国—东盟、大湄公河次区域、中亚区域等交通发展战略规划;通过73个公路和水路口岸开通了356条国际道路及陆海联运客货运输线路;建成了11条跨境铁路;"中欧班列"线路已通达11个欧洲国家的29个城市,国际铁路运邮已初具国际物流品牌影响力。随着包括中巴经济走廊两大公路项目、中俄黑河大桥等一批跨境和境外交通基础设施互联互通示范项目先后落地,我国与"一带一路"沿线国家的海、陆、空立体交通运输网络正在形成。与此同时,"网上丝绸之路"建设正在进行。《推动共建丝绸之路经济带和21世纪海上丝绸之路的愿景与行动》就已经指出,"共同推进跨境光缆等通信干线网络建设,提高国际通信互联互通水平,畅通网上丝绸之路。"这是我国与"一带一路"沿线各国,在加强网络互联、信息互通基础上形成的多领域、多层次"互联网+"信息经济带;而建设"网上丝绸之路"也具有缩小数字鸿沟、释放数据红利、全面助力"一带一路"建设实施的重大意义。

随着"一带一路"建设推动我国交通、能源等领域重大装备"走出去"取得显著成效,基础设施建设的重大项目,核电、水电及光伏电站等能源合作项目也成为网络攻击的新目标,加上"一带一路"沿线国家政治、经济、种族、宗教等问题交织,因此产能合作已经面临着巨大的安全隐患。

调查显示,2017年有54%的企业至少遭遇1起网络攻击事件;74%的企业认为所在的工业控制系统极可能遭遇网络攻击;55%的企业承认,合作伙伴或服务提供商拥有访问企业工业控制网络的权限。调查还显示,制造企业平均每年花费的无效网络安全费用高达约 338 万元人民币。一旦出现安全问题，会造成工业企业内部系统或服务中断、信息泄露等影响，造成安全生产事故，如果发生在航空航天、石油化工、能源、军工等重要领域，还会严重影响国家关键信息基础设施运行安全，甚至危及国家安全、国计民生和公共利益。

近年来，随着信息化和工业化的深度融合，关键基础设施数字化、网络化、智能化发展，工业信息安全风险持续加大，据国家工业信息安全发展研究中心监测，我国已经有大量的工控系统暴露在互联网上，涉及制造、钢铁、有色化工、能源、交通、市政等多个领域。未来，在"互联网+"、物联网、智能制造、智慧城市、车联网等各种创新应用不断发展的情况下，我国工业信息安全面临的风险将进一步加大。

从漏洞角度来看，目前，国家工业信息安全发展研究中心跟踪研判的工业控制、智能设备、物联网等领域的漏洞已达 366 个。其中，中危漏洞 104 个，占比达 39%；高危漏洞 216 个，占比达 59%（见图 8-2）。漏洞数量不断增加，高危漏洞占比居高不下，成为国民经济社会健康发展的重大风险因素。

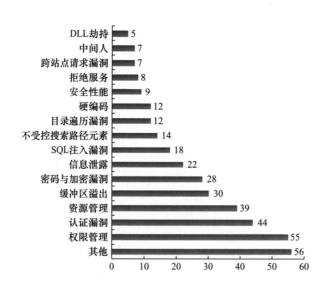

图 8-2　我国工业信息安全漏洞类型统计

资料来源：国家工业信息安全发展研究中心。

因此，为顺利开展我国与"一带一路"沿线国家在产业、金融、设施联通方面的合作，必须制订专门的防护方案、构建有力的防护体系来保障重大项目和工程工业控制系统的安全。从应用来说，工业信息安全的范围主要包括：为公共事业部门的大量关键数据提供安全保护；使用通信网络（如 WiFi、互联网和 Zigbee）的工业领域；使用能源管理系统控制电网主操作技术，如数据采集与监视控制系统（SCADA）、智能电子设备和电力线通信。传统的网络安全解决方案（如入侵检测解决方案和防火墙）无法为工控系统提供充分的保护。工业设施遭遇的网络攻击事件越来越多，导致设施受损、设备损坏、生产中断及安全性受到影响，因此迫切需要建立有效的工业网络安全解决方案。

本章小结

产业是人类社会发展的重要基石。三次产业分别解决了人类的生存问题、发展问题和更高一层的需求。在"一带一路"建设中，工业是产业合作的重中之重，而具有一定高技术含量的制造业又是这种跨境合作的核心，并成为网络攻击的新焦点。工业信息安全的产业规模、合作范围可能及不上其他行业，但却是"压舱石"一般的存在。

第九章　尺水兴波

当前，受限于工业发展与信息化水平，"一带一路"沿线国家工业信息安全产业规模小，且发展严重滞后于欧美发达国家，仅有个别国家的相关产业发展势头较好。即便如此，随着工业系统信息化、网络化发展，我国与"一带一路"沿线国家在产业、金融、设施联通领域的合作亟须工业信息安全技术保驾护航，而工业信息安全产业的发展潜力日益凸显，为各国带来一定的市场增长空间。

第一节
聚沙，凝力以成塔

当前，网络安全形势日趋严峻，构建安全可控的网络安全产业已经迫在眉睫。同时，在"互联网+"不断深入生活方方面面的时代背景下，安全厂商的赋能作用也逐渐凸显。网络安全市场预计将在2020年增加到1250亿美元，而网络安全失业率预计将维持在零。为了利用这一戏剧性的增长，国家和地方政府正积极寻求发展和吸引网络安全人才和企业。到目前为止，网络安全生态系统已经在全球各地出现，通常呈现为地区内的"集群"（Clusters），集群为发展提供了必要的因素。在以色列，以工业信息安全产业为重要组成部分的网络安全产业已经迅速崛起并在物理空间集聚，成为当地国民经济的重要支柱。

以色列的贝尔谢巴（Be'e Shava）是网络安全产业的一个早期集群，位于以色列中南部。目前在贝尔谢巴工作的网络安全专业人员有 400 人，大约有 18 家不同的公司或区域办事处。以色列国内现有超过 400 多家信息安全企业。以色列的信息安全初创公司也在稳步增长，仅 2016 年就成立了 80 多家。在 2017 年 Cybersecurity Ventures 公布的全球前 500 强网络安全企业名单中，以色列共有 36 家企业上榜，排名第 2 位（见表 9-1）。排名第 1 位的美国，有 364 家企业上榜。

表 9-1　2017 年世界 500 强信息安全公司以色列名单

排名	公司	安全领域	总部地点
12	CyberArk	Cyber Threat Protection	Petach Tikva, Israel
35	Check Point Software	Unified Threat Management	Tel-Aviv, Israel
37	Checkmarx	Software Development Security	Tel-Aviv, Israel
78	Radware	Application Security & Delivery	Tel-Aviv, Israel
88	Illusive Networks	Deception Technology	Tel-Aviv, Israel
98	Cato Networks	Cloud Network Security	Tel-Aviv, Israel
100	Claroty	OT Security Platform	Tel-Aviv, Israel
106	EverCompliant	Transaction Laundering Prevention	Tel-Aviv, Israel
111	Fireglass	Enterprise Network Security	Tel-Aviv, Israel
186	TowerSec	Automotive Cyber Security	Ann Arbor MI
199	TrapX Security	Threat Detection & Prevention	Tel-Aviv, Israel
202	Skycure	Mobile Device Pretection	Tel-Aviv, Israel
206	SafeBreach	Data Breach Protection	Tel-Aviv, Israel
223	SentinelOne	Endpoint Protection Platform	Mountain View CA
235	Cellebrite	Mobile Forensics Technology	Petach Tikva, Israel
249	Cyberbit	SOC Automation & Orchestration	Ra'annana, Israel
261	Argus Cyber Security	Automotive Cybersecurity	Tel-Aviv, Israel
287	Sixgill	Dark Web Intelligence	Netanya, Iarael
297	Anodot	Automated Anomaly Detection	Ra'annana, Israel
298	SECDO	Incident Investigation & Response	Ra'annana, Israel
304	IRONSCALES	Automated Phishing Response	Ra'annana, Israel

续表

排 名	公司	安全领域	总部地点
313	Israel Aerospace Industries	End-to-End Cybersecurity	Tel-Aviv, Israel
328	GuardiCore	Data Center Security	Tel-Aviv, Israel
369	SecuredTouch	Mobile Identity Verification	Tel-Aviv, Israel
385	Tufin	Security Policy Orchestration	Tel-Aviv, Israel
388	Votiro	Zero-Day Exploit Detection	Tel-Aviv, Israel
407	Waterfall	Cybersecurity for NERC-CIP Compliance	Rosh Ha'ayin, Isreal
408	CyberX	Industrial Network Security	Tel-Aviv, Israel
425	Indegy	Industrial Systems Cybersecurity	Tel-Aviv, Israel
428	ThetaRay	Big Data Security Analytics	Hod HaSharon, Isreal
436	CoroNet	Enterprise Commjacking	Be'e Sheva, Israel
440	Appdome	Mobile App Security	Tel-Aviv, Israel
449	Cronus Cyber Tech	Continuous Penetration Testing	Haifa, Israel
452	MPrest	Building & Control Systems Security	Petach Tikva, Israel
458	Transmit Security	Programmable Biometric Authentication	Tel-Aviv, Israel
493	Cymmetria	Enterprise Cyber Deception	Tel-Aviv, Israel

　　以色列政府在发展贝尔谢巴的工业集群方面发挥了很大的作用，以色列在贝尔谢巴设立的国家级的网络安全创新平台Cyberspark创业园，开创了以色列网络安全产业的集群式发展先河。以色列政府注重发挥"先进技术基地"在沟通学界、产业界的重要作用，为网络安全领导协同、项目合作、数据共享、资源互补和人才流动提供便利，极大地促进了产业协同。

　　这个将贝尔谢巴发展成为网络安全中心的决定，最早可以追溯到以色列2010年颁布的《国家网络倡议》(National Cyber Initiative)。2013年9月3日，作为网络强国和安全立国战略的重大举措，以色列国家总理内塔尼亚胡为本·古里安大学校园内的"先进技术创业园"竣工仪式剪彩，正式开启本国网络安全产业发展的新篇章。该园区将大学的科研活动、新兴创业企业的开发计划与以色列国防情报部门的现实工作紧密地结合在一起，极大地便利了三方的项目合作、数据共享、资源互补、人才流动和管理协同。

第二节

资本，撬动的杠杆

除政府支持之外，活跃的资本市场为创业初期亟须资金的工控安全企业提供了必要的成长土壤。在这一方面，以色列的资本市场在网络安全领域的活跃度很高。以色列网络安全领域最活跃的风投基金之一——耶路撒冷风投基金发布的 JVP 报告显示，自 2011 年起，230 多家本土或外国机构对 165 家以色列网络技术初创企业进行了投资。而另外一家以色列著名的风投机构 BVP 也是工控安全厂商 Claroty 和 SCADAfense 的投资人。因此，不难看出以色列网络行业、投资商和政府之间的紧密联系是以色列快速成为世界网络安全科技中心的重要原因。

放眼全球，网络安全产业已经迎来投资风口，而工业信息安全领域在资本市场的表现也方兴未艾。2017 年全球网络安全融资并购事件频发，涉及公开金额的数字已达 300 亿美元。从投资的领域分布来看，云计算、终端安全、身份与访问管理、物联网安全等领域，吸引了大部分的投资资金，其中，终端安全、身份与访问管理的投资多集中在少数创新领军企业，或者传统优势厂商收购以增加安全功能。

通过对 2017 年全球范围工业信息安全企业投融资与并购案进行统计，发现涉及我国与"一带一路"沿线国家的并购案共 26 起，分布在中国、以色列和印度（见表 9-2）。

表 9-2　2017 年我国与"一带一路"沿线国家网络安全企业融资与收购案

排序	领域	企业	国家	类型	金额（万美元）	投资方
1	云安全	默安科技	中国	融资	454	元璟资本
2	安全检测	中睿天下	中国	融资	303	蓝湖资本
3	入侵检测	LightCyber	以色列	收购	10500	Palo Alto
4	云安全	上元信安	中国	融资	454	任子行
5	APT	东巽科技	中国	融资	606	稼沃资本
6	身份管理	SpeakIn	中国	融资	151	IDG 资本
7	大数据安全	观数科技	中国	融资	227	—
8	自动响应	Hexadite	以色列	收购	10000	微软
9	身份管理	芯盾时代	中国	融资	1515	SIG 红点创投

续表

排序	领域	企业	国家	类型	金额（万美元）	投资方
10	Web安全	长亭科技	中国	融资	454	启明资本
11	云安全	Cloudyn	以色列	收购	5000	微软
12	大数据分析	瀚思科技	中国	融资	1515	国科嘉和基金
13	数据防泄露	天空卫士	中国	融资	2272	360企业安全
14	云安全	易安联	中国	融资	454	南京江宁
15	云安全	Druva	印度	融资	8000	Riverwood Capital
16	终端安全	杰思安全	中国	融资	454	盘古创富
17	威胁情报	微步在线	中国	融资	1818	高瓴资本
18	云安全	炼石网络	中国	融资	454	国科嘉和基金
19	安全服务	小安科技	中国	融资	151	中科创星
20	移动安全	指掌易	中国	融资	2272	昆仲资本
21	身份管理	Gigya	以色列	收购	35000	SAP
22	终端安全	火绒安全	中国	融资	227	天融信
23	安全管理	Skybox Security	以色列	融资	15000	CVC Capital Partners
24	APT	Deep Instinct	以色列	融资	3200	CNTP
25	物联网安全	安点科技	中国	融资	681	N/A
26	安全运营	兰云科技	中国	融资	757	国机资本

更多的资本，更少的初创公司，成就了以色列网络安全初创公司的"丰年"。2017年，新公司的不断成立、破纪录的筹款金额及稳健的资本退出……就投融资方面来说，以色列在网络安全领域的表现仅次于美国。2017年的数据表明，随着资金向后期融资阶段公司的转移，以色列网络安全领域正不断走向成熟（见图9-1）。

2017年，有60家网络安全领域初创公司在以色列诞生，比2016年的83家下降了28%，然而种子轮的金额却从285万美元增至330万美元，同比上涨了16%。这种增长已经持续了4年。也许有人认为初创公司数量的减少是行业萎缩的表征，但我们认为这恰恰是网络安全，尤其是工业信息安全市场走向成熟的证明。那些雄心勃勃的企业总希望通过融资，利用资本的大量加持来打造"拳头"产品，这造就了资本市场上初创公司炙手可热的局面，无论对企业或投资者，这都是一种很好的转变。

在资本热衷的领域，人工智能毋庸置疑地成为2017年安全领域最受追捧的技术。2017年，与人工智能相关的投融资事件超过13起，分布在威胁检测、终端安全、云安全等不同领域。很多投资人有这样的看法，人工智能将是下一代安全解决方案的核心。随着数据量、数据传输速度及监控、管理的数量以指数速率加速,AI 将是未来网络安全的关键组成部分。传统安全设备(如防火墙、杀毒、WAF、漏洞评估等)以防御为导向,这样的模式难以适应云和大数据为代表的新安全时代需求,只有通过海量数据深度挖掘与学习,采用安全智能分析、识别内部安全威胁、身份和访问管理等方式,才能帮企业应对千变万化的安全威胁。

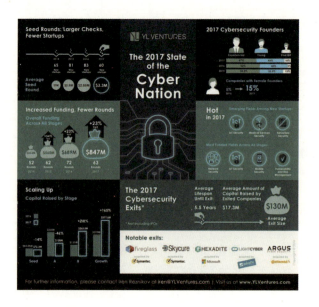

图 9-1 2017 年网络安全领域投资

据 Gartner 预测,到 2020 年,将有 40% 的安全厂商具备人工智能相关能力(见表 9-3),而且人工智能将广泛应用在应用程序安全测试,以减少误报;恶意软件检测,用于终端保护、漏洞测试目标选择、SIEM 管理、用户和实体行为分析(UEBA)、网络流量分析等方面。

表 9-3 已应用人工智能/机器学习的国际网络安全企业

企业名称	相关产品概述	投资额(百万美元)	投 资 方
Tanium	利用自然语言处理,实现实时的终端可视化管理,企业可通过网络收集数据、更新终端信息	295	Executive Press Andreessen Horowitz Nor-Cal Invest
Cylance	应用人工智能算法预测、识别和阻止恶意软件,减少零日攻击	177	Khosla Ventures Fairhaven Capital Citi Ventures

续表

企业名称	相关产品概述	投资额（百万美元）	投 资 方
LogRhythm	在合规自动化、增强的IT智能的基础上，进行威胁情报分析，以及快速检测、响应、控制威胁	126	Access Venture Partners Siemens Venture Capital Exclusive Ventures
Darktrace	结合行为分析和高级数学，自动化地检测异常行为	107	SoftBank Group Samsung Ventures Ten Eleven Ventures
Sift Science	基于实时的机器学习的防欺诈解决方案	54	Union Square Ventures Spark Capital SV Angel
Exabeam	利用已有日志数据分析用户行为，快速检测高级攻击，管理事件优先级，并指导有效的响应	35	Aspect Ventures Icon Ventures Norwest Venture Partners
E8 Security	提供智能和分析软件及大数据平台，实现长期数据留存和回溯分析	22	Allegis Capital March Capital Partners Strategic Cyber Ventures
CyberX	通过分析工业网络中的操作数据，检测异常行为	11	FF Venture Capital Flint Capital GlenRock Israel
Interset	利用行为分析保护制造、生命科学、高新技术、金融、政府、航空、国防和证券行业的关键数据	10	In-Q-Tel Anthem Venture Partners Telesystem

资料来源：《网络安全产业白皮书2017》。

本章小结

虽然在技术上不占据绝对优势，在产业发展上面对欧美国家左右突围，但"一带一路"沿线国家从未放弃在安全产业上有所秉持的努力。以以色列为代表的沿线国家凭借集聚成塔之力，凭借资本杠杆之力，在工业信息安全之路上已有建树，这或许就是"一带一路"工业信息安全产业发展繁荣背后的秘密。

第十章　独行快，众行远

工业信息安全产业肩负着为我国工业自动化和信息基础设施与信息系统的安全保障提供安全产品和服务的重任。"十三五"期间，党中央、国务院科学构建工业信息安全战略布局，出台了一系列政策法规、战略规划和指导意见，强化企业安全主体责任，明确工业信息安全工作方向和目标，工业信息安全产业发展环境不断优化。

第一节
因势与利导

《2018 年全球风险报告》指出，虽然绝大多数针对关键和战略系统的网络攻击并未成功，但即便如此，数量众多的网络攻击尝试也昭示着全球面临网络攻击的风险在不断上升。另外，黑客关注的不仅仅是核心数据的窃取，更多针对的是基础设施，金融机构、政府机构、能源行业、高校机构、医疗机构都成为黑客的目标。DDoS 攻击已经是当下极为普遍的主要威胁之一，据统计，2017 年 DDoS 攻击目标在以季度为周期遭遇的平均入侵活动量高达 32 起。

事实上，中国面临的境外网络攻击和安全威胁也越来越严重，从根本上来说，我国企业对信息安全的重视程度不足，信息安全产业投入与整个互联网产业投入相比严重偏少。我国工业信息安全市场处于导入期，工业控制系统（ICS）信息安全市场的项目相对分散，ICS信息安全厂商过去几年对ICS厂商/集成商的依赖性较高，大部分都积极与传统工控系统厂商/集成商合作，这种业务模式在各ICS信息安全厂商的业务策略中占相当大的比例。ICS信息安全厂商的业务模式逐步开始多样化，除ICS厂商/集成商外，MES厂商、设计院及最终用户逐渐成为直接合作对象。很多重要客户和企业数据被暴露在互联网上，直接导致各种泄密事件、网站瘫痪事件层出不穷。然而，这将唤醒社会对工业信息安全的重视，工业信息安全行业有望迎来成长（见图10-1）。

图 10-1　2012—2016年我国工业控制系统（ICS）信息安全市场规模及增长率
资料来源：国家工业信息安全发展研究中心。

2016年10月，工业和信息化部印发《工业控制系统信息安全防护指南》，以应对新时期工控安全形势；同月国家质量监督检验检疫总局、国家标准化管理委员会正式批准发布了6项《工业自动化和控制系统网络安全》系列标准；此外，政府将出台信息安全等级保护标准的预期，ICS信息安全市场快速增长的概率加大。按照产品生命周期理论，至少要经过5年ICS信息安全市场才能逐步进入快速成长期。ICS信息安全市场作为全新的领域，在政策标准、产品、市场等方面都处在不断发展和相互促进的过程中。目前，ICS

信息安全产品市场相对来说并不是特别成熟，依靠出台强制标准来推动市场快速发展并不现实。最有效的做法仍然是，政府通过示范性项目，总结经验和完善产品解决方案，引导ICS信息安全市场成熟发展。目前，智能制造示范项目连续两年推出110个，正在规划的ICS信息安全示范项目也有望落地实施，因此，对于ICS信息安全厂商而言，提升自身产品性能、增强研发能力、拓展渠道范围、扩大用户端影响力等，才能推动2017—2019年ICS信息安全市场的爆发。

我国工业领域信息安全市场规模占整体市场仅13%的份额（见图10-2）。本书中工业领域的范畴包括石化、化工、油气、电力、冶金、纺织、电子、造纸、建材、矿业、食品饮料、烟草及市政（主要是供水＆水处理、供暖、供气）等行业。

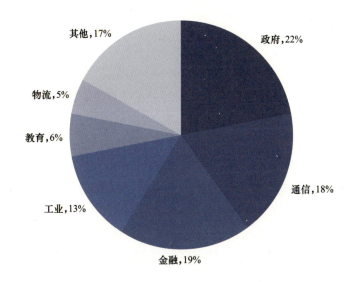

图10-2 我国信息安全市场行业应用结构

资料来源：国家工业信息安全发展研究中心分析整理。

全球工业服务安全市场可细分为工业网络安全软件、工业网络安全硬件和工业网络安全服务。Gartner最新预测数据就显示，2018年全球信息安全产品与服务支出总额增加到930亿美元。在这些细分市场中，工业网络安全软件在该市场中处于领先地位。基础设施行业关键网络和端点面临的网络攻击威胁日益严峻，从而使得工业网络安全软件的需求日益增长。鉴于大多数互联网服务提供商具有分布式架构,因此简单的网络级网络安全解决方案不足以防范或控制攻击威胁,互联网网络安全软件的需求将继续增长。随着集成防火墙日益普及,工业网络安全硬件服务需求有望实现增长。统一威胁管理(UTM)也将更加普及,从而推动工业网络安全硬件市场发展。工业网络安全硬件主要应用领域集中在电力、油气&石化&化工、冶金、烟草、矿业等行业,其中,电力、油气&石化&化工、冶金行业的市场份额占整体市场的 80% 以上。

第二节

独乐与众乐

进入 21 世纪以来,制造业面临着全球产业结构调整带来的新机遇和挑战。特别是 2008 年国际金融危机之后,世界各国为了寻找促进经济增长的新出路,开始重新重视制造业。第四次工业革命带来了前所未有的商机,但同时也增加了网络攻击的必然性。在信息技术驱动的智能化和自动化发展下,传统制造业的生产模式和用户需求都在发生着颠覆性的变化,特别是对于中国等新兴市场传统高人力成本、低附加值的制造业企业而言,竞争更加激烈,在这种情况下,"工业 4.0"或者说第四次工业革命的到来,对于制造业企业而言是一次重大的发展机遇和挑战。物联网安全将呈现爆发式增长,DDoS 成为常态,全球正处于受攻击目标呈指数级增长的危机边缘。《2018 年全球风险报告》指出,新的联网设备将迎来爆炸式增长,2017 年 IoT 设备为 84 亿台,到 2020 年将增长到 204 亿台。

"工业 4.0"(Industry 4.0、Industrie 4.0),或称第四次工业革命(The Fourth Industrial Revolution)、生产力 4.0,是德国政府于 2013 年汉诺威工业博览会提出的一项高科技计划,由德国联邦教育及研究部和联邦经济及科技部联合资助,用来提升制造业的电脑化、数字化与智能化。"工业 4.0"自从提出以后就迅速火遍全球。本质上讲,与前三次工业革命相比,"工业 4.0"

的进步在于利用互联网激活了传统工业过程，使工厂设备"能说话、能思考"，同时实现三大功能：较大程度地降低制造业对劳动力的依赖、较大程度地满足用户个性化需求、将流通成本降到较低。

在"工业4.0"时代，由于企业运营具有互联互通的特性，企业数字化转型的步伐加快，网络攻击的影响比以往任何时候都更加广泛。非常重要的一点是，企业不仅需要关注外部威胁，还需要关注真实存在却常被忽略的网络风险，而这些风险正是由企业在创新、转型和现代化过程中越来越多地应用智能互联技术所导致的。

目前"一带一路"沿线国家的工业及关键基础设施安全面临着重大挑战：安全性能提升的迫切需求和不断提高的安全投入。2016年12月，泰国财政部与央行联合向商业银行与国有专业银行提出要求，督促银行研发与更新使用安全性能更高的客户终端应用程序和系统，以让广大消费者更加安全地使用电子支付系统。东盟国家2017年网络安全方面的投入仅为19亿美元，约占东盟全体成员国GDP总额的0.06%。科尔尼报告也指出，如果东盟国家不想让其蓬勃发展的数字经济蒙受重大损失，必须在2025年前将网络安全投入提高到1710亿美元（约合1.08万亿元人民币），否则黑客攻击等网络威胁将会给东盟1000家最大企业的市值带来约7500亿美元的损失。这为我国积极组织开展以工业信息安全产业为核心的国际合作提供了机遇。

2017年"一带一路"国际合作高峰论坛上各国达成共识，加强"一带一路"倡议和各种发展战略的国际合作，建立更紧密的合作伙伴关系，推动"南北合作""南南合作""三方合作"。在公平竞争与尊重市场规律、国际准则的基础上，促进经济增长、扩大贸易和投资。加强各国基础设施联通、规制衔接和人员往来，关注最不发达国家、内陆发展中国家、小岛屿发展中国家和中等收入国家，实现有效互联互通。鼓励政府、国际和地区组织、私营部门、民间组织和广大民众共同参与，增进相互理解与信任。

以此为根本指导，我国在"一带一路"沿线国家开展工业信息安全产业合作、体现大国责任有如下几个着力点。一是在所有合作形式中，国家政府职能部门借助安全厂商人才技术优势，开展共享、共治模式最先释放势能，加强对政府间、民间高技术合作交往的引导和监管。二是鼓励创新企业"走出去""引进来"，在网络安全产业分工更加精细化的趋势下，安全厂商之间联动可在彼此防护能力的基础上由点成线，合力构筑一条安全堤坝。三是共同推动"布局市场"与"深耕市场"策略并重。在大部分未能推动此项产业的国家合作推动工业信息安全市场布局，同时与技术市场成熟的国家推动轨道交通、市政、军工等行业工业信息安全新兴市场的产品开发与应用。

"中国梦"与"世界梦"始终相通。曾经"驼铃声声""舟楫络绎"的丝绸之路，正在重现活力、大放光彩。"一带一路"沿线各国人民只要团结互信、互利共赢、共同建设、共同发展，就一定能够共圆丝绸之路新梦想。

第四篇

擎旗弄潮
——创新之路的新动力

> 循法之功，不足以变世；法古之学，不足以制今。
>
> ——《战国策·赵策》

  安全对于人们而言，是个古老的话题。20世纪80年代末，第一个计算机病毒传入中国，人们虽然因此遭受了损失，但第一次激发了对计算机及信息系统信息安全的需求。伴随着工业化进程的加速，工业信息安全已从"星星之火"渐成"燎原之势"，安全的内涵和外延已经发生了深刻变化。不可否认，一个国家的工业信息安全保障能力已经成为综合国力、经济实力和产业竞争力的重要表征，在国际竞争中充当了"杀手锏"的角色。

  然而，在工业信息安全产业飞速发展的同时，具有前瞻性眼光的专业人士也看到，技术、标准、资金、管理、人才等多重困境，正在悄悄阻碍着这一产业的前进。产业发展不平衡带来的短板效应正一点点凸显它的消极作用。为了突破工业信息安全产业发展的瓶颈，创新成为突破口，唯有创新才能打破旧的均衡，进而生成新的均衡力量。

第十一章　活水源头

"一带一路"沿线国家十分重视工业信息安全能力创新发展。部分中东经济发达国家的网络基础建设走在世界前列，中亚、南亚相对发展较为滞后，可见"数字鸿沟"的差距。根据相关统计，东南亚、东亚等地区移动互联网用户增长速度较快，其网络基础设施与中亚、南亚相比水平较高。中国、俄罗斯、印度等国家在网络技术、互联网技术、计算机等相关领域研发优势明显；南亚、东亚的网络空间研发人力资源和资金相对充裕；中亚地区网络空间基础设施起步晚，潜力巨大，在"一带一路"布局中，正好适应产业升级、转移，以及优势互补等，形成巨大的后发优势，填补"数字鸿沟"。

第一节
创新，原动力

回顾历史，任何一次重大技术革命在带来便利的同时也都伴随着安全隐患，但人类都依靠自己的智慧战胜了挑战，享用着新技术的好处。这一切所凭依的，无外乎"创新"二字。特别对于工业信息安全领域而言，技术创新是产业发展的关键，而这种创新能在很大程度上带动产业的发展。

技术创新从提高生产效率和促使新兴产业涌现两个方面促进经济的发展。按照组织方式的不同，技术创新可以分为模仿创新模式、自主创新模式和合作创新模式。模仿创新是指企业在现有市场产品或引进技术分析的基础上，对相关技术进行攻关，模仿相应的产品，结合本企业的优势改造模仿的产品，提高生产产品的技术水平。模仿创新模式的优点是投入少、风险小、效率高，但是却有着时滞性和被动性的局限。自主创新指企业完全依赖本身力量，在技术创新活动中独自组织和实施，发明新的科学技术。自主创新包括原始创新、集成创新、在消化吸收先进技术的基础上再创新。自主创新模式的优点主要表现在：使企业在市场竞争中拥有优势地位，可以产生一批与之相联系的新技术产品，在市场中树立新的标准和技术规范，也可以通过新技术转让而获得相当丰厚的利润。但其缺点也很明显，主要表现在风险高和投入大两个方面。合作创新则是指多个合作方之间以成果共享、风险同担为原则，以期资源最佳配置的创新行为。合作创新模式可以明显减少企业投资费用，加快新产品市场化速度，同时也可改善资源组成、降低开发风险、缩短研发周期、减少没有意义的投资、降低市场交易成本，但其局限性在于不能独占新成果。

具体来看，以上3种技术创新模式可以归结为内部化和外部化两种类型，模仿创新模式与合作创新模式属于外部化创新模式，而自主创新模式则属于内部化创新模式。内部化创新模式和外部化创新模式是紧密联系、相互结合的。国际上流行的趋势是内部化创新模式和外部化创新模式相结合。对于工业信息安全企业而言，在市场上乃至国际上占据一席之地，所凭借的无外乎是在技术的竞争中有可圈可点的优势。因此，建立工业信息安全产业快速、有效的技术创新机制，是构建企业竞争优势的关键环节，而相应的技术创新模式选择，更是重中之重。工业信息安全产业应采取何种技术创新模式主要取决于历史因素、产业基础条件（市场结构、企业规模）和产业发展环境，并受该产业的技术创新能力的约束（见图11-1）。

"一带一路"沿线国家中的个别工业信息安全企业虽然与欧美等国家的安全巨头规模相当，但是大多数从事工业信息安全防护的企业在自主创新方面建树不大。造成这种局面的原因是多方面的，包括国际环境、产业基础、政策环境、技术能力等。作为一个具有规模效益的产业，工业信息安全领域的企业所进行的创新需要大量的人力、物力、财力的投入，只有企业达到相当的规模才能得以支撑。目前，包括中国在内，"一带一路"沿线各国的工业信息安全企业大多数都没有达到规模效益，要进行完全的自主创新还比较困难。另外，当前工业信息安全产业发展的国际环境并不利于发展中国家的企业进行有效的模仿创新。因此，对于大多数工业信息安全企业而言，在确保国家安全的大前提下，在产业内建立合作创新机制，甚至开始跨国联合创新，应该是当前较为现实的选择。

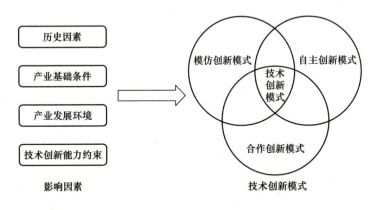

图 11-1　工业信息安全产业的技术创新模式

合作创新可以打破企业自身的界限，促进有限的技术、资金、人才等要素在更大范围内流动，各种资源的配置能够更加优化，提高运行的效率，促进工业信息安全企业的技术进步。对于我国而言，选择合作创新这样的模式，可以迅速提高国内工业信息安全企业的竞争能力。虽然我国大部分信息安全企业还不具备自主创新的能力，但信息安全产业的特殊地位和重要作用决定了我国的工业信息安全企业必须增强自主创新能力，而开展国内国际间工业信息安全企业间的合作创新有利于技术互补、节省开发经费，从而摆脱目前我国创新资源约束。

第二节
先行，有突破

受制于工业实力，"一带一路"沿线国家的创新能力普遍不及欧美等发达国家，但却有一些国家因对信息时代的敏锐嗅觉及对创新的深刻认识，提前布局、战略部署、重视落实，从而在全球创新力排名中脱颖而出。

根据2017年6月15日发布的《2017年全球创新指数报告》，通过81项指标对世界127个国家和经济的创新表现进行排名。从国家来看，在2017年全球创新指数[①]（Global Innovation Index，GII）排名中，瑞士再度居第1位，已经连续7年位居排行榜榜首，之后是瑞典、荷兰、美国和英国。与2016年相比，排名前10位的国家虽然名次上有变化，但都保持在前10位（见表11-1）。这说明这些欧美国家仍然在引领全球创新，是世界上最具创新力的国家。反观"一带一路"沿线国家，在GII指数排名前25位的国家中，"一带一路"沿线国家共有5个，分别是新加坡、以色列、中国、捷克和爱沙尼亚，并且创新能力发展较为稳健。

表11-1　GII指数排名前25位的国家及地区近5年变化

国家及地区	2013年	2014年	2015年	2016年	2017年
瑞士	1	1	1	1	1
瑞典	2	3	3	2	2
荷兰	4	5	4	9	3
美国	5	6	5	4	4
英国	3	2	2	3	5
丹麦	9	8	10	8	6
新加坡	8	7	7	6	7
芬兰	6	4	6	5	8
德国	15	13	12	10	9
爱尔兰	10	11	8	7	10
韩国	18	16	14	11	11
卢森堡	12	9	9	12	12
冰岛	13	19	13	13	13
日本	22	21	19	16	14
法国	20	22	21	18	15
中国香港	7	10	11	14	16
以色列	14	15	22	21	17
加拿大	11	12	16	15	18
挪威	16	14	20	22	19
奥地利	23	20	18	20	20
新西兰	17	18	15	17	21
中国内地	35	29	29	25	22
澳大利亚	19	17	17	19	23

[①] 全球创新指数（Global Innovation Index，GII）由英士国际商学院、美国康奈尔大学和世界知识产权组织共同研制，2017年全球创新指数是该指数发布的第10版。

续表

国家及地区	2013年	2014年	2015年	2016年	2017年
捷克	28	26	24	27	24
爱沙尼亚	25	24	23	24	25
比利时	21	23	25	23	27
马耳他	24	25	26	26	26

专栏　全球创新指数排名

全球创新指数（Global Innovation Index，GII）由英士国际商学院、美国康奈尔大学和世界知识产权组织共同研制。整个创新指数包括两个亚指数、7项一级指标、21项二级指标、81项三级指标。两个亚指数分别是创新投入亚指数、创新产出亚指数。其中，创新投入亚指数下设5项一级指标，分别为政策制度环境、人力资源与研发、基础设施、市场成熟度和商业成熟度5个支柱；创新产出亚指数下设2项一级指标，分别是知识与技术产出、创意产出两个支柱（详见附录1）。

其中，创新投入亚指数是投入指标得分的算术平均值，创新产出亚指数是产出指标得分的算术平均值，两类指标权重相同，GII总得分是投入和产出亚指标的简单加权平均数。从2011年开始，GII专门列出创新效率指数，按照创新投入与产出的比例来计算。

所采用的基本方法就是正负标准化，以便不同量纲化的指标数据具有一定的可比性，2010年之后采用0～100分制。

GII是一个不断发展完善的项目，在之前版本的基础上，纳入最新的可用数据，以及从有关衡量创新的最新研究中产出的数据。相比2016年，2017年的GII模型中删掉了1项三级指标，即市场成熟度中的"所交易股票总值在GDP中的占比"，最终以81项三级指标系统衡量127个国家的综合创新能力，其中，57项三级指标是可靠数据，19项三级指标是综合指标，

> 5项三级指标是调查问卷，涵盖全球92.5%的人口和97.6%的GDP。GZZ模型的调整是为了更全面、更科学地评价国家创新体系。因此，除国家创新能力的变化外，国家的创新指数逐年排名也会受到模型调整和结合特殊创新因素所实施的具体方案的影响。

1. 新加坡——依靠人才，创新发展

作为创新能力全球领先的新加坡，其信息安全能力更是首屈一指[1]，强过美国一筹。不了解内情的人或许以为，新加坡是网络攻击的绝缘地，事实却正好相反，一直以来，新加坡都是网络攻击的重点目标。2017年5月，美国云端服务公司阿卡迈技术公司发布的一份报告显示，2017年第一季度新加坡遭到了450万起互联网应用攻击，因此被列为全球遭受攻击最多的10个国家之一。即使该国的信息安全指数全球第一，但在该国政府看来，"新加坡的关键信息基础设施依然脆弱，一旦受到攻击就会对人民的生活、商业活动及安全造成重大影响。"

如今，得到国际社会认可的新加坡信息安全策略，随着信息安全威胁的每一次升级而不断进行升级，历时10余年才锤炼而成。为了应对日益严峻的信息安全形势，打造智慧国家，新加坡信息安全战略历经3个阶段的发展演变，以2016年新加坡《国家网络安全战略》的出台为标志，形成了较为完善的法律政策体系、组织管理体系、技术保障体系及人才培育体系，以此维护新加坡信息安全方面的根本利益。新加坡将工业信息安全视为整个安全战略的重要支柱，在建设弹性关键信息基础设施、创造安全的网络空间、发展具有活力的网络安全生态系统和强化信息安全的国际合作4个方面上发力，形成了稳基础、优布局、强活力、重合作的信息安全战略。

新加坡《国家网络安全战略》提出，一个充满活力的网络安全生态系统，不但会在应对网络威胁方面提供持续的专业技能，还能促进网络安全创新发展，创造经济就业机会。新加坡政府将与社会企业和高校合作，通过奖学金项目和特殊课程培养网络安全人才，并在社会层面加强网络安全就业和相关的技能培训。另外，新加坡政府还将与企业和学术界合作，成立先进技术公司，培养当地初创企业，推动研究发展。具体通过以下几点举措强化工业信

---

[1] 根据2017年7月5日国际电信联盟（ITU）发布的《2017年全球网络安全指数》显示，新加坡在全球193个国际电信联盟成员国中排名第1位。

息安全创新活力。

打造一个专业的工业信息安全人才市场是首先要解决的事情。新加坡政府鼓励行业内的安全专才在职业上升通道、国际标准认证及强有力的社会实践方面来发展自己。目前新加坡资讯通信发展管理局（IDA）网络安全司和网络安全局（CSA）等政府部门所雇用的安全人才达101名。政府将在2017—2020年，增聘138名安全专才。CSA和IDA将推出"网安协理员与技师计划"，不间断培训专业人员；政府通过相关的奖学金计划和资助计划来吸引学生加入信息安全事业当中。2015年1月，新电信与新加坡理工学院及共和理工学院合作推出新电信学员奖学金计划，每年颁发90份共计200多万新元的奖学金给学生，协助培养工程学、信息安全与客户服务方面的人才，为学生提供更系统化的职业发展渠道；提供更好的工作计划吸引优秀的工业信息安全人才到新加坡工作。2016年10月12日，CSA与国际信息系统安全认证联盟（Information Security Certification，ISC）签署一项三年合作备忘录，以解决各领域缺乏信息安全专才问题。

有了人才之后，就要通过本土的优势企业来扩大信息安全优势。新加坡希望成为全球信息安全产业最发达的国家，一方面，吸引更多的高科技安全公司进入当地市场，增加本地市场的活力；另一方面，支持本土的企业研发全球领先的技术和服务标准，支持个人在信息安全领域创业，并且提供国内信息安全产业的就业机会，从而在全球市场中扩大"新加坡制造"（Made-in-Singapore）的信息安全解决方案。2015—2020年新加坡信息安全市场年均增长率将达到9.3%，其中信息安全服务业占主要地位。

创新是产业成长的驱动力，这是不争的事实。新加坡强调大学在国家的研发体系中处于中心位置，每一所大学在信息安全方面都有自己的专属领域。隶属总理公署的新加坡国立研究基金会拨款资助成立新加坡网络安全联合会（Singapore Cybersecurity Consortium），由新加坡国立大学领导并联络各大专学府，分成金融科技、软体安全和移动通信安全等6个专注于不同领域信息安全需求的小组。例如，新加坡科技与设计大学专注于网络物理系统，该大学于2017年9月开办全新的信息安全防御与设计硕士课程，课程针对金融、通信、国防，以及能源等领域，培训相关的信息安全专才；新加坡管理大学资讯系统学院决定从2017年8月起更新课纲，本科生从三年级起就可以专攻金融科技或移动互联网安全等新兴领域。新加坡政府在《国家网络安全研发规划

2013—2020》(National Cybersecurity R&D Programme 2013—2020)中提出，要投入1.9亿新元打造世界级的研发机构，加强政府—学术界—企业界之间的密切联系，创造更具市场推广力的研发成果。

不仅如此，新加坡还将研究、创新和企业视为国家发展知识经济和创新型经济的战略基石。过去25年，新加坡政府对研究和创新的公共投资显著增加。在工业信息安全方面，2013年，新加坡开展了"全国网络安全研发计划"(National Cybersecurity R&D Programme)，新加坡国立研究基金会投入1.3亿新元于该计划。这项计划采取"整体政府"策略，推动政府机构、学术界、研究所和私人企业之间的合作，进行多方面的信息安全研发工作。2016年该基金会从"研究、创新与企业计划2020"(Research, Innovation and Enterprise 2020 Plan，RIE2020)的190亿新元投入中，又拨出6000万新元给"全国网络安全研发计划"，用于资助研究项目、建设网络安全研究设施等。同时，由新加坡国立大学、新加坡国立研究基金会及新电信共斥资4280万新元的网络安全研究室也正式成立，专注于研究监察和防御物联网袭击的新技术，以及开发防御性更强的安全系统。

2. 以色列——凭借创新，创造奇迹

以色列凭借其800万人口、2.5万平方千米的实际控制面积，半个多世纪来面对10倍于己的敌对邻居，历经5次战争不倒反强，创造了令人瞠目的生存奇迹。而作为"一带一路"沿线国家中屈指可数的创新能力与信息安全能力均位居世界前列的国家，以色列从20世纪90年代初到今天的20多年时间里，又从仅有几家小微信息安全公司发展成为网络安全强国，无疑是他们创造的又一个发展奇迹。这一工业信息安全领域诞生的奇迹，可以归功于以色列代号为"创新"的基因密码。

密码一：高质量、独一无二的人力资源。以色列政府历来高度重视教育，2015年全国教育支出占其国内生产总值的6.5%，远高于"经合组织"成员国家的平均水平。以色列高校在电子工程、软件工程、计算机科学等技术专业领域的水平举世公认，他们为网络安全领域的人力资源池提供源源不断的受过科学训练、具有专业知识和丰富经验的职业人才。在以色列人力资源中，尤为独特的一点是以色列国防机构各领域的技术专家大量进入市场，用其专业知识和实践能力进一步推动了产业发展。

密码二：创新性文化。它是以色列高新技术产业的典型特征，在信息安

全领域尤为突出：为了打赢"信息安全"和"狡猾黑客"之间永无止境的"猫鼠游戏"，必须不断革新技术发展的方式和途径。

密码三：合作开放与安全构成了其社会的两大特点。首先，合作与开放的文化，对于一个所有人都致力于解决共性复杂问题的领域而言非常关键；其次，根植于以色列社会的安全理念，以及冲突不断和危机四伏锻炼了以色列人抵御和对抗风险的能力、面对挑战的实力。这为以色列发展网络安全领域尖端技术奠定了基础。

密码四：大学和科研机构的基础研究。以色列学术界除对人力资源发展有直接贡献外，对科学研究和知识积累也做出了重大贡献。许多以色列公司的运营建立在前沿学术知识的基础之上，不少公司都主动与学术研究者合作。为了持续巩固以色列学术界在这一领域的全球领先地位，以色列国家网络局与顶尖高校联合，5年内共投入6000万美元共同建成了5个信息安全中心。

密码五：政府的大力支持。以色列政府设立了一个在信息安全领域提升综合国力的长远规划，以应对日益增长的全球需求。以色列投入数亿美元用于发展信息安全产业所需的高质量人力资源、加大学术研究支持、补贴公司研发经费。以色列国家网络局和经济产业部首席科学家办公室启动一个新的资助项目，每年投放5亿美元，重点协助颠覆性技术的开发与合作，加速推动信息安全科技成果向实用性、有效性产品转化。此外，以色列政府还调动40名驻外使馆商务专员，协助推动信息安全技术出口。以色列政府最大的举措是在贝尔谢巴成立了国家级的信息安全创新平台——Cyberspark创业园，这对以色列工业信息安全产业的集群式发展至为关键。

专栏　以色列信息安全特色园区概览

在以色列国家孵化器计划和工业创新园中，直接与工业信息安全产业相关的是特拉维夫、海法和贝尔谢巴3个，它们在一定程度上代表着以色列信息安全产业发展的历程。

1. 特拉维夫创新园区（见图 11-2）

特拉维夫是以色列的技术之都，集聚了 1200 多家高科技公司和近 1000 家创业小企业，特拉维夫市北的特拉维夫大学和城南的魏兹曼科学研究院堪称"中东的科研之心"。如今享誉全球的 Checkpoint 公司就坐落于此。可以说，特拉维夫工业园是以色列信息安全产业的发源地，它的企业和产品代表着信息安全（Infosec）时代的标杆。

图 11-2　特拉维夫创新园区

2. 海法 Matam 高科技园区（见图 11-3）

海法 Matam 科技园区被称为"以色列的硅谷"，坐落在海法市迦密山西南的海滨，山上是有"中东 MIT"之称的以色列理工学院，这所学院是该园区的灵魂。园区内几栋壮观的大楼，将微软研究中心、谷歌社区、Intel 数据中心和 Philips 医疗公司等美国知名大公司与高科技、风险投资和创业者紧密地扭结在一起。谷歌社区是一家成立于 2005 年的创业公司，目前已成为谷歌在美国之外仅次于苏黎世的最大研发中心，Google Suggest 功能项目及目前谷歌大量的扩展服务，如优先收件邮箱和收件人自动纠错等功能，都应归功于以色列团队。据了解，谷歌社区孵化器目前能够容纳 20 多家创新企业，他们将围绕搜索、处理应用软件及网络互联和数据分析，提出革命性的想法并开展创新性研究。

3. 贝尔谢巴科技园区（见图 11-4）

贝尔谢巴是以色列的第四大城市，是南部内盖夫沙漠地区的首府和通往特拉维夫、耶路撒冷的门户。本·古里安大学和大片工业园区是这里的招牌。2013年9月3日，作为网络强国和安全立国战略的重大举措，以色列国家总理内塔尼亚胡为本·古里安大学校园内的"先进技术创业园"竣工仪式剪彩，正式开启本国网络安全产业发展的新篇章。该园区将大学的科研活动、新兴创业企业的开发计划与以色列国防情报部门的现实工作紧密地结合在一起，极大地便利了三方的项目合作、数据共享、资源互补、人才流动和管理协同。2014年本·古里安大学与以色列政府签署网络安全研发协议，政府投入850万美元用于网络安全研发基地建设；还与德意志电信、IBM、RSA、ORACLE、洛克希德·马丁等跨国公司合作，开展网络安全研究和高端人才培训，同时还联合本土创业公司和政府部门，开展广泛的安全技术研发。

图11-3　海法Matam高科技园区

图11-4　贝尔谢巴科技园区

从工业信息安全创新企业的发展来看，目前在以色列境内与信息安全（包括工业信息安全）相关的高科技公司近430家，在创新园区内投入运行的外国研究与研发中心近40个。除少数企业为军方和政府提供专门技术外，大多数企业提供的产品和技术面向全球的个人、企业、非政府组织和行业用户，且绝大多数企业是私有的，公众公司只有 19 家，超过半数以上（55%）的公司是盈利的，近 9% 的公司年盈利超过 1000 万美元，处于种子期的公司占 16%，处于初始盈利的公司占 46%，处于研发期的公司占 29%。

从整体产业创新发展活力来看，在企业增长速度方面，以色列信息安全产业整体增长很快，自 2000 年以来，每年均有约 52 家新的网络安全创业公司问世。在 20 年间，企业增长出现了 3 次高潮，第一次是 1996—2000 年，这 5 年企业逐年设立数分别为 13 家、23 家、37 家、50 家、76 家；第二次是 2004 年左右，企业逐年设立数为 34 家（2002 年）、56 家（2003 年）、65 家（2004 年）；第三次是最近 5 年，企业年均设立数为 60 家左右，标志着世界范围内的网络安全市场走向成熟。从集群规模效应方面看，以色列的工业信息安全产业增长迅猛，而且近 20 年成立的创新公司的成活率超过 50%，这与其他产业相比，是相当高的，而且随着时间的推移，该存活率在逐渐上升。2000 年，安全产业的活跃公司为 21%，2010 年该比例已上升到 57%。从产业就业方面来看，以色列技术产业的公司数量与就业岗位在公司发展的每个阶段都呈负相关关系。在网络安全产业集群中，这种相关关系更为明显，产业的员工数量与公司的发展阶段高度一致。在占 16% 的种子期创业公司中，只雇用 2% 的员工，整个网络安全产业的 17000 名员工的 2/3 在只占 9% 的高盈利公司上班。

3. 爱沙尼亚——从零开始，不断超越

爱沙尼亚，位于波罗的海东岸，国土总面积约 4.5 万平方千米，人口约 130 万。但这个看似不起眼的波罗的海小国，却是当今全球数字信息技术发展最发达的国家之一。它是第一个通过网络进行总统选举的国家，是第一个将"上网是公民的基本权利"写进宪法的国家，是第一个推出"电子身份证"的国家，是 Skype、Hotmail 等著名科技企业的诞生地。

爱沙尼亚人的创新精神体现在他们的聪明睿智上，具体的表现是爱沙尼亚人将未来押在互联网科技上。正是这种独木舟转弯式的变革，使得爱沙尼亚这样一个曾经一穷二白的小国，从电话普及率不及 50% 及与外界唯一的通信工具是藏在外交部部长花园里的一部芬兰手机这样的窘困之境，一跃发展为：拥有全欧洲速度最快的互联网，网络普及率高达 98%；政府已经基本实现"无纸化"的电子政务运作；99% 使用电子身份证的爱沙尼亚人可接入4000 多项公共和私人的数字化服务；98% 的银行交易在网上完成，在网上注

册一家公司只需 18 分钟。

然而，爱沙尼亚在工业信息安全上的不断突破，却在其遭遇损失惨重的全国性的网络攻击威胁后才得以清晰认识。通过科技发展和创新，爱沙尼亚在 20 世纪 90 年代就变成了信息安全领域的强国。自 2007 年遭受网络攻击之后，爱沙尼亚更加致力于对抗网络犯罪和网络袭击，努力发展先进的国家信息安全技术，在工业信息安全发展上走在欧洲国家前列。在国内，爱沙尼亚出台了信息安全全国家战略，建立了网络防御机构。在国际上，爱沙尼亚以北约协作网络空间防御卓越中心为依托，培训来自全欧洲的网络专家，教授他们如何增强国家的网络防御能力；培训世界各地的领导人，让他们了解在 2007 年的网络袭击中爱沙尼亚的应对行为，并且教授他们如何进行国家信息安全方面的建设。爱沙尼亚的行为成功促使北约及其成员国更新了他们的网络安全政策，进一步加大了爱沙尼亚在信息安全乃至工业信息安全方面的影响力。

此外，爱沙尼亚始终视教育为创新的基石。爱沙尼亚十分注重基础教育，从小培养科技人才。2012 年，虎跃基金会推行"程式老虎"这一计划，将计算机编程引入所有爱沙尼亚入学儿童课程中。通过乐高头脑风暴机器人 Mindstorms 及其他学习教材，6 岁儿童就开始学习编写代码并利用程序开发工具。当我们还认为计算机编程只是"学霸"和"电脑迷"们的专属技巧时，在爱沙尼亚，这已成为小学生的基本技能。虎跃基金会通过这一课程训练孩子的逻辑思考、创造力，让他们掌握未来世界的沟通语言，将来可以直接进入编程和软件开发领域。

第三节

行动，在路上

1. 俄罗斯——以军带民，加强自主

由于信息产业尤其是电子工业的长期落后，俄罗斯在信息安全技术和产品方面整体比较落后，一些关键性的信息安全设备如数据库防火墙、VPN 技

术产品等，还仅应用于政府、军队等重要部门。为促进本国信息安全产业，特别是工业信息安全产业的发展，俄罗斯政府大力支持国内工业信息安全技术和产品的研制与开发，为保护国内市场创造一切有利条件。俄罗斯总统普京在一次联邦安全会议上直截了当地说："目前，俄罗斯在信息通信方面主要依赖于外国的计算机和电视网络技术设备生产厂家，国家某些部门的很大一部分机密信息完全靠西方国家的信息技术收集、存储和发布，俄罗斯本身尚不能生产具有足够信息防护能力的设备。"为此，俄罗斯大力实行保护性关税政策，为国内信息安全类产品提供出口补贴等各类优惠，对国外同类产品征收高额关税，防止外国特别是美国信息安全产品的倾销。

尽管与西方发达国家相比，俄罗斯信息产业基础十分薄弱，但俄罗斯也有自己独特的优势，这种优势主要体现在自成体系的创新方面。总体而言，俄罗斯在发展信息安全技术上强调自主创新、坚持自成体系，尤其注重对芯片和操作系统等战略性技术的研发。俄罗斯对于工业信息安全保障确立了自主研发的发展思路，并将其贯穿于各项技术发展规划。多年来，俄罗斯一直试图摆脱使用微软操作系统，通过自主研发操作系统减少对 Windows 的依赖。2010 年年底，俄罗斯总统普京签署命令，开发一款基于 Linux 的国产操作系统，以减轻对微软 Windows 系统的依赖，更好地监控计算机安全。2011 年，俄罗斯政府还批准了俄罗斯版视窗系统的计划。2012 年 9 月，为了防止本国敏感机密信息外泄，俄罗斯推出了一款特制的平板电脑，配备给国防工作人员使用。该平板电脑安装了由俄罗斯自主研发的"俄罗斯移动操作系统"，不但可以防止黑客攻击，还能有效避免用户在使用过程中泄露个人信息，并加入了防震、防水功能。2014 年 7 月，俄罗斯推出了一款名叫"Rupad"的超级平板电脑，配备了自主研发操作系统。"Rupad"平板电脑分为军用和民用两个版本。军用版本配有抗震外壳，可保护电脑从 2 米高的地方安全落地，防水功能在深度不超过 1 米的水下可以正常工作 1 小时；为保证网络安全，设备设置了一个特殊的保护按键，可帮助使用者及时切断麦克风、摄像头、GPS、蓝牙、WiFi 等模块传递的信号；对传出的所有信息都进行了加密，并对收取的信息解密。目前，俄罗斯国防部、内务部和联邦安全局等部门已开始试用。在财政金融系统，俄罗斯积极推广使用现代化的、有保护的信息技术和网络技术，采用俄罗斯自己研制的电子数字签名及其他保护设备。俄罗斯的卡巴斯基实验室和 Dr. web 两家公司生产的防病毒软件不仅在市场占有率方面走在世界前列，也给俄罗斯政府在信息安全方面提供了有力支持。其中，Dr. web 是俄罗斯国防部指定的信息安全合作公司,而卡巴斯基实验室更是替俄罗斯政府主办了俄罗斯现代化和经济技术发展委员大会;圣彼得堡技术大学在基于信息安全的数学模型基础上,研制出具有自主知识产权内核的高安全等级操作系统,在与国外产品兼容的问题上,只局限于外层的功能调用,而内核是独立的,具有很高的安全性。但总体来说,俄罗斯在工业信息安全核心技术方面处于相对落后地位,相比欧美发达国家,俄罗斯不够公平宽松的市场发展环境限制了产业发展,使其工业信息安全产业的发展面临诸多困境。由于各种经济、政治原因,加上法治的缺失,俄罗斯工业信息安全市场需求并没有得到有效释放,创新型中小企业也无法得到快速发展的空间。为形成一个良性的产业发展模式,俄罗斯工业信息安全产业还有很长的路要走。

2. 马来西亚——重视传统,夯实基础

2016年7月,世界经济论坛发布《2016年全球信息技术报告——数字经济时代推进创新》。报告以"网络就绪指数"(NRI)为依据,对139个经济体的信息通信技术发展状况进行了全面评估。其中,马来西亚作为亚洲新兴经济体领头羊,排名较2015年上升1位,列居第31名。马来西亚能够维持良好的表现,与政府坚定推进数字化进程分不开。

信息网络的快速发展和网络空间的复杂化,特别是网络犯罪和恶意攻击的全球化,给马来西亚的工业信息网络安全带来了严重的威胁,主要表现在:恶意软件感染率高,该国这一比例高于全球平均水平;黑客组织活动猖獗,政府部门和公共机构的网站遭到频繁攻击;网络犯罪比例上升。在这样的背景下,为了提升国家工业信息安全防护能力,马来西亚选取了一条较为传统的创新推进之路。2006年马来西亚颁布了《国家信息安全政策》,全面梳理了信息网络安全面临的威胁,从国家层面对信息网络安全进行了顶层设计,提出了信息网络安全建设的目标,制定了信息安全建设的具体举措和优先发展项目,特别对国家信息基础设施(CNII)和关键信息系统的安全、电子商务交易安全、电子政务安全进行了详细规范,同时提出要研发信息安全的新技术和新工具,采取综合手段确保信息安全。

马来西亚启动多个信息安全技术项目。首先启动了"网络999"公共服务技术项目,以提供信息安全突发事件的应急响应。此外,还启动了一个公私伙伴关系——信任标记(Trust Mark)计划。公司可以通过增强其信息安全措施来获得一个"信任标记"图标,并放在公司网站上。

3. 印度——强化 IT，重视人才

印度一直渴望通过成为计算机软件和硬件发展的超级大国，最终成为世界强国。为了实现这些愿望，印度首先试图通过长期的战略来解决技能差距。2013 年印度通信与信息技术部发布了《印度国家网络安全政策》，提出了想要实现的 14 项目标和将采取的若干战略，以建立一个信息安全框架，引导政府机构、非政府组织、企业、个人等的信息安全行动。印度政府已经制定了多个不同的信息安全相关的项目，这项国家政策将这些项目统一起来，有助于跟踪网络空间信息安全的动态发展。

在工业信息安全创新层面，《印度国家网络安全政策》提出了"通过前沿技术研究、面向解决方案的研究、概念验证、试点开发、转化、传播和商业化，开发适宜的本土安全技术，并促进通用的和针对国家安全需求的安全 ICT 产品/过程的广泛部署"的目标，并采取以下措施予以"推动信息安全研究与研发"：①开展解决短期、中期和长期所有问题的研究与开发项目，包括解决与可信系统的开发、测试、部署和维护整个生命周期相关的所有问题，并针对尖端安全技术进行研发；②鼓励研发，以提供有效的、定制的本土安全解决方案，并面向出口市场；③促进研发成果的转化、传播和商业化，使其成为可在公共和私营部门使用的商业化产品与服务；④针对与信息安全有关的具有重要战略意义的领域，建立卓越中心；⑤在前沿技术和提供解决方案的研究方面，与产、学界开展联合研发。

多年来，印度的工业信息安全在技术、服务与模式创新方面有了一定的发展。根据 Gartner 的最新报告，2017 年，印度信息安全产品和服务支出达到 15 亿美元，比 2016 年增长了 12%，预计，2018 年的支出将增长到 17 亿美元。安全服务仍然是增长最快的部分，特别是 IT 外包、咨询和部署服务。但是，由于虚拟设备、公共云和 SaaS 的普及，硬件支持服务的增长将会放缓。印度安全服务的强劲增长主要由于印度几个大型企业的参与。许多印度企业正在经历安全计划创新和成熟的阶段，这意味着他们需要广泛的安全服务以帮助建立和发展其安全流程和技术。其中，安全监控和检测是投资的热点。

此外，与自主安全技术创新发展不同的是，印度虽然是举世公认的 IT 大国，但工业信息安全专业人员数量却十分不足。印度国家安全委员会秘书处 2013 年准备的一份机密文件表明，印度政府所有组织机构仅聘用了 556 名信息安全专家。相比较而言，中国政府聘用的网络安全专家为 12.5 万名，美国

为 9.108 万名。

这一数字并没有随着印度网络安全政策的实施而有所改善，根据印度软件及服务公司协会（NASSCOM）估测，到 2020 年，印度需要 100 万名信息安全从业人员，才能填补其快速经济增长的需求。由于网络攻击前所未见的暴增，印度各行各业对安全人才的需求也会随之增加。尽管拥有全球最大的信息技术人才库，印度却几乎不可能足额产出能填补该信息安全人才空白的专业人员。正如《2017 网络安全就业报告》指出："如今，每个 IT 职位同时也是安全职位，每个 IT 员工、每个技术工人，都涉及要防护 App、数据、设备、基础设施和人。"

4. 波兰——注重顶层，规划发展

2016 年，欧盟发布成员国创新能力排行榜，波兰与塞浦路斯、爱沙尼亚、马耳他、捷克、意大利、葡萄牙、西班牙、希腊、匈牙利、斯洛伐克、拉脱维亚、立陶宛和克罗地亚等国家一并被归为"适度的创新者"。可以看出，波兰在创新投入与技术研发方面在欧盟各国中表现靠后。但是，随着近年波兰政府对信息技术及产业创新的重视程度加深，其在创新方面已然有所起色。

总体来说，波兰的创新是在国家一系列配套的战略规划、政策指导下开展的。波兰发布了一系列与工业信息安全相关的国家层面的创新战略。早在 2011 年，国家研究计划（The National Research Programme）的出台，列出了科学研究的关键领域：能源领域的新技术；新药、再生医学研究；先进的信息通信技术；新材料；环境、农业及林业技术；国防与国家安全等。目前，国家研究计划已被波兰发展部下属的国家研发中心（National Science Centre for R&D）分解到若干研发战略资助项目中。"创新与经济效率战略"（The Strategy for Innovativeness and Efficiency of the Economy）是波兰政府于 2013 年出台的关于创新的战略指导。波兰政府在加大支持力度的前提下，为国家的创新能力设定了一系列目标。例如，到 2020 年研发支出占国内生产总值比例为 0.8%；高技术与中等技术产品销售额到 2020 年占比要达到 40%；2020 年高技术产品出口值占波兰总出口值的 8%；2020 年创新性企业占比达 25%。为响应欧盟倡议，波兰 2014 年出台的国家智能专业化（National Smart Specialisations）列出在最具经济与创新潜力的若干研发创新战略领域，聚焦科学与工业技术的前瞻性。此外，还公布了智能增长行动计划（The Operational Programme Smart Growth），2014—2020年波兰政府主要的研发资助计划，与包括国家智能专业化在内的其他政策直接相关。地区行动计划（Regional Operational Programme）包括专门的地区资助研发资金，明确了波兰各地区的智能专业化目标。波兰希望借助上述计划推进各地区创新。

特别值得一提的是，2016年2月，波兰政府出台了《负责任的发展计划》（亦称《莫拉维茨基计划》），提出促进经济社会发展的五大支柱，通过"数码城迷"项目，促进企业和研究机构发展工业信息安全和数据分析，确保波兰在高级专业化IT领域可参与欧盟市场竞争。

专栏　波兰《负责任的发展计划》概览

一、再工业化，将资源集中于波兰有竞争力、可能取得全球领导地位的产业，如航空、军火工业、汽车零部件、造船、IT、化学工业、家具、食品加工。

具体项目包括如下方面。

（1）"日维尔科和维古拉"（Zwirko i Wigura）项目。设计和制造无人机，力争在无人驾驶航空器领域取得强势地位，促进航空谷快速发展；之后进一步发展军用和商用无人机。

（2）"巴托雷"（Batory）项目。与外国合作伙伴合作建造波兰客运渡轮，使波兰造船业更强大更专业，生产高附加值产品。未来，进一步发展液化天然气载运船（首先在希维诺依希切港）、液化石油气船。

（3）"波兰医药产品"项目。支持具有出口潜力的医药产品实现商业化，扭转医药产品外贸逆差。

（4）"数码城迷"项目。促进企业和研究机构发展网络安全和数据分析，确保波兰在高级专业化IT领域可参与欧盟市场竞争。

（5）Luxtorpeda2项目。设计制造城市公共交通工具，包括低碳交通工具，如地铁、地区铁路、华沙—罗兹快铁。波兰获得的2014—2020年欧盟基础设施和环境项目基金中，用于铁路交通建设的资金有58.9亿欧元，用于城市低碳公共交通建设的资金有27亿欧元。

（6）"卡西米尔·冯克生物技术开发中心"项目。支持企业发展生物仿制药并参与全球市场竞争，使波兰成为欧盟先进的基因和生物仿制药品枢纽。

（7）"波兰采矿机械"项目。提高波兰在全球采矿和建筑机械市场的地位，加强采矿业相关行业的合作。在此基础上，发展煤炭气化技术。

（8）"将中型城市打造成为先进的服务外包中心"项目。支持企业发展高级商业服务，从而促进经济增长和中型学术中心收入增加。

（9）欢迎外国投资者。欢迎外国投资者建立研发中心、提供新的高薪岗位、使用雇用合同招募员工、参与地区合作、技术转让、投资濒危产业。投资者可获得的优惠政策包括用人补助、投资补助、所得税豁免、财产税豁免、欧盟基金、员工培训补贴。

二、推动企业创新

（1）制定新商业宪法。削除企业的法律障碍、简化相关机构在创新项目方面的合作程序，减少企业活动的形式成本，吸引更多创新企业落户波兰。

（2）促进商业与科学结合，充分发挥现有的技术转让中心、企业孵化器等机构的作用；促进科研机构服务于经济；在企业发展局和国家研究发展中心采取"快车道"政策，简化决策程序；将创新支持政策纳入产业政策等其他战略。

（3）制定新的创新法。对知识产权给予有利的税务政策，扩大研发经费抵扣税款的范围，对创业者给予现金返还。

（4）支持创业。为创业者实现创新成果商业化消除障碍，将10亿兹罗提欧盟基金用于创新项目，方便创业者从公共机构和地区政府寻求问题解决方案。

三、发展资本

未来几年，投资总额将超过1万亿兹罗提。资金来源如下。①波兰企业：国有企业投资750亿～1500亿兹罗提，其他企业2300亿兹罗提。②银行融资：900亿兹罗提。③发展基金：波兰投资基金750亿～1200亿兹罗提，BGK银行发展项目650亿～1000亿兹罗提。④欧盟基金：4800亿兹罗提。⑤国际金融机构：500亿～800亿兹罗提。政府鼓励国民储蓄，参与职业养老金计划或投资波兰债券，促进员工持股。提高欧盟基金使用效率，投向促进波兰可持续发展的项目。

四、国际市场推广

欧盟市场对波兰仍具关键意义，但未来将积极开拓亚、非、北美市场。对亚洲市场主推食品、化学品、木材；对非洲市场主推自然资源、工程机械；对北美市场主推重型机械和家具。

五、促进社会和地区发展

（1）促进人口增长。波兰是欧盟婴儿出生率最低的国家之一，政府将采取政策提高出生率、增加就业人口。2017年启动家庭500+计划，之后将推出儿童照顾、孕妇照顾、入学政策、鼓励海外波兰人回国、医疗和养老金体系等政策。

（2）根据就业市场需求提供职业培训。

（3）推动地区发展。提高地区政策的维度和有效性，使国民有获得公共服务的均等机会；加强地区合作，解决其面临的共同问题；激活本地资源，如鼓励创新、产业成长和私人投资。

（4）关注小城填、农村地区、家庭农场的发展。促进农业多元化并增加效益；消除贫困和隔绝；有效管理自然资源和文化遗产。

开发本地市场，如农产品本地加工和直销；促进农村地区创业和工作流动；利用农村基础设施建设增加就业；发展多层面的家庭农场；使用可再生能源；复兴小城镇，加强其经济、社会、文化功能；培育地方市场（如农产品加工和直销）；确保农业企业食品生产安全；帮助家庭农场生产有利润、高品质的食品，特别是传统工艺、非转基因产品，如比亚沃韦扎（Białowieża）森林的蜂蜜。

（5）实现波兰东部地区专业化。建立基本的基础设施，特别是比亚韦斯托克—卢布林—热舒夫（Bialystok-Lublin-Rzeszów）S19快速路。之后，适时建设维尔纽斯—比亚韦斯托克—卢布林—热舒夫铁路。3个主要地区的产业发展方向如下。①比亚韦斯托克：进一步发展东部建筑集群，建设成为先进的商业服务中心，使之具有较大城市的竞争力。②卢布林：建设有机食品谷，发展清洁煤炭技术。③热舒夫：进一步发展航空谷，吸引小型创新企业并建立合作社；发展航空IT业，使之成为航空软件中心，特别是服务于无人机。

六、落实五大支柱的基础——建设高效政府

（1）发展智能公共采购，制定新的公共采购法。新法的基本原则是：不再以最低价格作为标准；将维护成本作为考虑因素之一；对中小企业给予优惠（招标条件不得将中小企业排除在潜在投标人以外）；向高附加值创新产品倾斜；增加有关维护就业岗位稳定的条款。

（2）发展数字化行政。

（3）稳定公共财政，短期内将赤字保持在GDP为-3%以下，中长期目标是降低赤字和公债与GDP的比例。

（4）通过能源政策降低国民能源成本。目标是确保2020年之后的投资，摆脱对能源进口的依赖。措施包括：实现石油和天然气供应的多样化；发展能源市场基础设施；释放能源市场活力；支持低碳能源发展；开发波兰地热潜力；鼓励个体能源生产，如家用电站。

（5）将交通基础设施发展作为经济的血脉。评估国家和地区交通项目，对规划中的公路和铁路项目重新考虑地区的实际需要，对国家资助项目以效能为考量基准，如连接速度、交通密度等。

（6）建立有效和高效的政府运行模式。

通过近几年的不懈努力，波兰在信息产业方面的创新取得了较好的成绩。根据 2017 年 10 月德勤的最新报告，波兰科技公司在中欧发展最快。该报告指出，中欧前 50 家创新企业排名中有 22 家是波兰企业，波兰已成为该地区创新企业数量最多的国家。2017 年，捷克公司 Kiwi.com 排名第 1 位，波兰 Tooploox 公司居第 4 位，克罗地亚在排行榜中居第 2 位，立陶宛以 6 家公司紧随其后。报告还显示，中欧的技术公司正在以史无前例的速度增长。2017 年入围的公司平均收入增长了 1.125%。

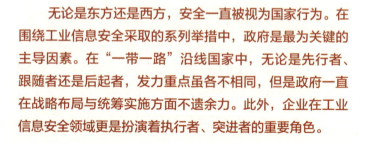

本章小结

无论是东方还是西方，安全一直被视为国家行为。在围绕工业信息安全采取的系列举措中，政府是最为关键的主导因素。在"一带一路"沿线国家中，无论是先行者、跟随者还是后起者，发力重点虽各不相同，但是政府一直在战略布局与统筹实施方面不遗余力。此外，企业在工业信息安全领域更是扮演着执行者、突进者的重要角色。

第十二章 清流汩汩

在工业互联网、工业云、工业大数据等产业发展需求的带动下,工业信息安全领域的技术和产业创新升级,威胁情报、态势感知、安全可视化、虚拟化等新技术不断涌现,以边界安全、监测审计为代表的工业信息安全产品市场增长迅猛,工业信息安全企业加速布局,市场竞争格局逐渐形成。

第一节
高技术,有防护

1. 余热尚存的封堵查杀"老三样"

从技术维度来看,随着互联网技术的广泛应用,以及人们信息安全意识的不断提高,针对工业控制和关键基础设施运行的工业信息安全技术很快得到了普及,其中较为常见的工业信息安全技术包括以下几种类型。

防火墙技术。所谓防火墙技术,是指采用一定的数据审查规则,对风险数据进行隔离的一种手段。在计算机与互联网之间传递的数据,都会经过防火墙的辨识。根据防火墙的作用原理,其主要分为数据包过滤防火墙、代理防火墙、网址转化型防火墙。在选择防火墙的过程中,应根据信息数据的安全等级,以成本等诸多因素为参考,以实现信息安全为目的。

数据加密技术。目前,较为流行的就是对信息进行加密,这也是最基本的信息安全技术。对于电磁辐射、黑客、病毒导致的网络信息数据被拷贝的问题,用户是无法及时发现的。针对该问题,在网络信息数据产生后,应采取科学的数据加密技术,对加密之后的信息数据进行传输,信息数据接收方在接收到信息数据之后,按照约定的解密方法进行解密。为防止黑客恶意解密,可以对加密后的信息数据进行解密次数限制,一旦遭遇暴力破解,信息数据将自动销毁,从而实现信息数据在互联网传输过程中安全系数的大大提高。

身份认证技术。所谓身份认证技术,是指网络计算机对提出访问申请的一方进行身份认证,用户提供对应的身份证明信息后,才能够被允许访问。身份认证技术是信息安全的核心,通过预先设置的用户数据库,对允许访问的用户身份信息进行记录,并对相应用户设置其拥有的访问权限,实现对访问用户的规范化管理。这里需要解决的问题是如何防止数据库用户信息被冒用的问题,为此,研究人员借助物理身份认证技术手段,在用户提出访问申请之后,需要通过远端指纹识别系统进行二次确认,通过后才被允许访问。目前,基于物理身份的认证技术在银行业已经得到了广泛使用,其安全系数较高,即使用户信息被冒用,也无法通过物理身份认证审核。

2. "老瓶装新酒",安全也须自适应

随着全球信息安全威胁呈现爆发性增长的态势,特别是针对工业控制系统、关键基础设施的各类网络攻击和网络犯罪的现象屡有发生,并且呈现攻击手段多样化、工具专业化、目的商业化、行为组织化等特点,工业信息安全技术也不断推陈出新。虽然,当前有关工业信息安全的关注度不如大数据、威胁情报和 APT 等方向,但是 Industrial Security、ICS、SCADA、IT/OT 和 IoT 这些关键词却多次出现在 RSA 大会[①]上,这说明工业信息安全在世界范围内正逐步受到包括政府、行业用户和安全厂商的关注。

工业网络边界安全防护。边界防护领域分为两大类厂商,一类是专注于工业安全的新兴厂商,如 Bayshore 公司,它是 Cisco 公司的合作伙伴,推出了基于工业协议深度检测的 IT/OT gateway 产品;另一类是传统的防火墙巨

---

① RSA 大会是信息安全界最有影响力的业界盛会之一,它于 1991 年由 RSA 公司(现为 EMC 公司信息安全事业部)发起,得到了业界的广泛支持,其议程设计由信息安全从业者及其他相关专业人士评判和制定。20 多年来,RSA 大会一直吸引着世界上众多优秀的信息、安全人士,在连接和培养全球信息安全专业人士方面,扮演着不可或缺的角色。RSA 大会的每个重要瞬间都记录着信息安全产业与技术的发展。

头，如 Checkpoint 和 Palo Alto 等均在其下一代防火墙中添加了工业协议的支持，且种类和数量都覆盖主流行业，Palo Alto 还在一个展示区单独介绍了其工业安全解决方案。目前，此类厂商都在网站上做了一个 APPWIKI 的界面，让用户体会到他们支持应用的全面。另外，国外的安全产品普遍提供了基于 VM 的产品形态，"砸盒子"在国外已经成为一种趋势，而在国内这种趋势还不明显。

工业异常检测。工业网络的 Fingerprint 解决方案成为一种趋势和重点，这种方案的优势在于其往往是旁路部署，不直接影响工业网络的稳定性和实时性，因此在工业领域的接受度更高。Nexdefense 公司和美国能源部、美国爱达荷国家实验室联合开发了一套 Sophia 系统，该系统通过实时网络监控、数据可视化和态势感知在不牺牲工业系统生产能力和传输性能的前提下，发现控制系统的异常行为；其 3D 化的产品界面视图也体现出目前业界对网络可视化功能的重视。另外，美国政府对该产品的支持体现了一定的技术发展趋势和潜在安全需求。

工业漏扫。工业网络对稳定性要求很高，传统扫描方式往往会使工控系统瘫痪。而美国的 Tenable 公司推出了工业漏扫产品，首先通过询问的方式获取设备的类型和型号，然后加载针对特定工业设备的漏扫模型，最后有针对性地进行漏洞扫描。

车联网、物联网安全。车联网、物联网往往和工业信息安全一起被视为下一代安全架构的重要组成部分。例如，Chevron 公司在 Session 中提到云计算、社交媒体、移动和物联网作为未来安全架构的组成部分；很多公司也很前沿地展示了其车联网安全的解决方案。

值得一提的是，2017 年 6 月，Gartner 发布了 2017 年度 11 项最新、最酷的信息安全技术，这比往年的十大技术多了 1 项。这 11 项技术分别是：云工作负载保护平台（Cloud Workload Protection Platforms，CWPP）、远程浏览器（Remote Browser）、欺骗技术（Deception）、终端检测与响应（Endpoint Detection and Response，EDR）、网络流量分析（Network Traffic Analysis，NTA）、可管理检测与响应（Managed Detection and Response，MDR）、微隔离技术（Microsegmentation）、软件定义的边界（Software Defined Perimeters，SDR）、云访问安全代理（Cloud Access Security Brokers，CASB）、面向

DevSecOps 的运营支撑系统（OSS）安全扫描与软件成分分析（OSS Security Scanningand Software Composition Analysis for DevSecOps）、容器安全（Container Security）。

专栏　Gartner：2017 年最值得关注的 11 项顶级信息安全技术

一、云工作负载保护平台

点评：当今，现代化数据中心的工作负载运行在各种各样的平台上，包括物理服务器、虚拟机、容器、私有云架构，以及一个或者多个 IaaS 公有云架构。云工作负载保护平台（CWPP）能够为信息安全主管们保护工作负载、部署安全策略提供基于单一管理控制台的一体化方案。

二、远程浏览器

基于浏览器的攻击是目前针对个人用户最流行的攻击方式。信息安全架构并不能完全阻止攻击，但是能通过将用户终端浏览器与企业端点和网络隔离来有效控制攻击造成的损失。通过对浏览功能的剥离，可以将恶意软件与终端用户的系统和企业基础设施隔离开来，大幅度缩小企业的攻击面。

三、欺骗技术

欺骗技术可根据使用的方式和技术不同而达到如下目的：阻挠、摆脱攻击者锁定，中断攻击者的自动化工具，延迟攻击活动，侦测攻击行为。通过在企业防火墙后部署欺骗技术，企业能够更准确地识别已经渗透入系统的攻击者，欺骗技术如今能够跨堆栈部署，涵盖端点、网络、应用和数据。

四、终端检测与响应

通过检测端点异常行为和恶意事件活动，终端检测与响应（EDR）

方案能够提升传统端点防护技术（如杀毒软件）的防护水平。Gartner 预测到 2020 年 80% 的大企业、25% 的中型企业和 10% 的小企业都将投资 EDR 技术。

五、网络流量分析

网络流量分析（NTA）方案能够通过监控网络流量发现异常行为或恶意企图。对于那些能够绕过安全边界的高级攻击，企业需要基于网络的方案来识别、诊断和应对。

六、可管理检测与响应

可管理检测与响应（MDR）向用户提供的服务能够提升威胁侦测、事件响应及持续监测服务，成本比用户自建运营相关安全团队要低很多，尤其受到中小企业的欢迎。

七、微隔离技术

当攻击者渗透进入企业系统获得据点后，通常都能在周边系统自由拓展。微隔离技术能够在虚拟数据中心进行隔离划分，防范攻击者在内部游走，从而将攻击导致的损失降至最低。

八、软件定义的边界

软件定义的边界（SDP）将网络链接的不同参与者和资源封装成一个虚拟的逻辑主体，其资源对公共隐藏，通过可信代理严格控制访问，从而缩小攻击面和可视性。Gartner 统计，截至 2017 年年底，至少 10% 的企业部署了 SDP 技术来隔离敏感环境。

九、云访问安全代理

云访问安全代理（CASBs）重点解决云服务和移动应用高速发展的安全滞后问题。它向信息安全专业人士提供多用户或设备并发访问多个云服务的单点控制方案，随着 SaaS 云服务的普及，以及对安全和隐私的顾虑不断增加，对云访问安全代理的需求也日益迫切。

十、面向 DevSecOps 的运营支撑系统（OSS）安全扫描与软件成分分析

为了不影响 DevSecOps 的敏捷性，信息安全架构需要实现安全控制的自动化集成而不是手动配置,同时,对 DevSecOps 团队需要尽量做到透明,而且能够管理风险、满足法律和法规方面的要求。为了达成以上目标,必须实现安全控制在 DevSecOps 工具链中的自动化。

十一、容器安全

容器技术使用共享操作系统模型,宿主 OS 的安全漏洞会危及多个容器。容器本身并无安全问题,导致安全问题的是开发者在容器部署时采用了不安全的方式,缺少安全团队介入及安全架构师的建议。传统的网络和基于主机的安全方案都不适用于容器技术。容器安全方案需要对容器的整个生命周期进行保护,覆盖从创建到生产环境的整个周期。大多数容器安全方案都提供整合 runtime 监控的预生产扫描功能。

3. 产品花样多,安能气吞山河

从产品维度看,工业信息安全市场可分为安全硬件、安全软件和安全服务三大类共百余种产品(见图 12-1)。安全硬件分为安全应用和硬件认证两个领域,主要产品包括防火墙、VPN 网关、入侵检测系统、入侵防御系统、统一威胁管理网关、令牌、指纹识别、虹膜识别等。安全软件分为安全内容与威胁管理、身份管理与访问控制、安全性与漏洞管理 3 个领域,主要产品包括防病毒软件、Web 应用防火墙、反垃圾邮件系统、数据泄露防护系统、数字证书身份认证系统、身份管理与访问控制系统、安全评估系统、安全事件管理系统、安全管理平台等。安全服务主要包括咨询、实施、运维和培训。

不仅如此,工业信息安全产品的细分程度较高,不同的细分市场领域有相应的专业厂商,安全厂商主要可以划分为七大类:物理安全、网络安全、主机安全、应用安全、安全管理、移动与虚拟化安全、工控安全。

从市场维度看,技术的发展必然在产业布局与市场的成长中有所体现。如今,工业信息安全早已走出实验室,进入了以工业和信息产业的大体系为基础、以企业创新为动力的时代。纵观全球,信息安全行业市场主要包括硬件、软件、安全服务三大市场,其中,硬件市场占整体市场的 38.20%,软件市场占整体市场的 30.20%,安全服务市场占整体市场的 31.60%(见图 12-2 和图 12-3)。

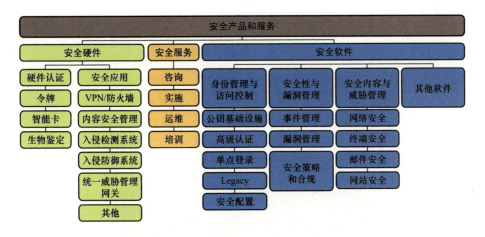

图 12-1 信息安全产品结构及分类

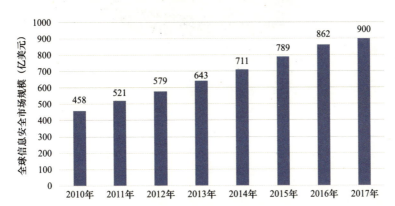

图 12-2 2010—2017 年全球信息安全市场规模

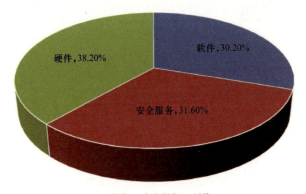

图 12-3 全球信息安全行业市场格局

总体看来，全球信息安全产业发展水平较高的国家主要有美国、法国、以色列、英国、日本等，其中，美国占据工业信息安全技术绝对优势，并主导全球行业格局（见图12-4）。在"一带一路"沿线国家中，大多数国家应用的工业信息安全产品及技术绝大多数源自美国、欧洲的企业，少部分为自主信息安全产品与技术；仅有俄罗斯、以色列、捷克等国家的个别产品与技术在国际市场上占据一席之地。

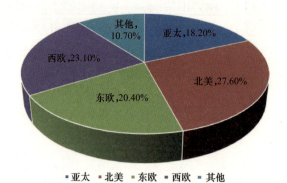

图12-4 全球信息安全行业区域分布格局

第二节

小企业，大作为

欧美发达国家占据工业信息安全技术创新的主导地位，"一带一路"沿线国家总体在工业信息安全领域的技术创新并不占有优势。美国著名投资咨询机构Cybersecurity Ventures连续多年发布《网络安全创新500强》企业榜单，打破常规的评估标准，凭借"解决的问题、客户基础、首席信息安全官的反馈、IT安全评估者的反馈、风险投资、公开的产品评价、演示与介绍、企业营销和品牌推广，以及媒体报道"等标准进行考量，其结果在国际网络安全领域具有一定的权威性。

据《网络安全创新500强》企业榜单显示，500强名单中美国企业占据

7成以上，为360家（较2016年年底减少9家），紧随其后的是以色列、英国、加拿大、中国，分别占据34家、22家、12家、8家；值得一提的是，以色列上榜企业数量较2016年第四季度上升10家，中国上榜企业数量则较2016年年底翻一番（见表12-1）。

表12-1 《网络安全创新500强》企业榜单各国企业梳理概览

国　家	数量（家）	占　比
美国	360	72.00%
以色列	34	6.80%
英国	22	4.40%
加拿大	12	2.40%
中国	8	1.60%
德国	7	1.40%
法国	7	1.40%
瑞典	7	1.40%
瑞士	6	1.20%
爱尔兰	4	0.80%
日本	4	0.80%
印度	4	0.80%

资料来源：国家工业信息安全发展研究中心，整理自Cybersecurity Ventures。

总体而言，在全球网络安全创新500强中，除我国外，"一带一路"沿线国家中的上榜企业共有45家，较2016年第四季度增长13家，增幅约41%（其中以色列占比达76%），占全部比例约9%，较2016年年底提升3个百分点。

放眼全球，虽然欧美发达国家的工业信息安全企业的国际影响力显著，但是并非一家独大。"一带一路"沿线国家中一些企业无论在技术、产品、服务还是创新方面都让人叹为观止，如俄罗斯的信息安全巨头卡巴斯基实验室、以色列的Checkpoint、捷克的全球著名信息安全企业Avast，以及罗马尼亚的SOFTWIN集团及其下属公司Bitdefender。

1. 俄罗斯企业——卡巴斯基实验室一枝独秀

卡巴斯基实验室是1997年成立的一家全球网络安全公司，企业总部设在俄罗斯首都莫斯科（见表12-2）。卡巴斯基实验室的深度威胁情报和安全专业技术正在不断转化为安全解决方案和服务，为个人用户、企业网络及政府部门提供反病毒、防黑客和反垃圾邮件产品。卡巴斯基实验室拥有独特的知识和技术，可提供全面的安全产品线，包括端点保护及大量专门的安全解决方案和服务。当前，超过4亿用户、27万企业客户在使用卡巴斯基实验室的保护技术。

表 12-2 卡巴斯基全球实验室站点分布

美洲	西欧	东欧	中东 & 非洲	亚洲 & 太平洋
美国	比利时 & 卢森堡（共用）	捷克	西亚阿拉伯各国（共用）	澳大利亚
加拿大	丹麦	俄罗斯	北非阿拉伯各国（共用）	印度
墨西哥	德国 & 瑞士（共用）	波兰	撒哈拉以南非洲各国（共用）	新西兰
加勒比	西班牙	罗马尼亚		东南亚各国（共用）
智利	法国	土耳其		中国大陆地区
哥伦比亚	意大利	匈牙利		中国香港地区
秘鲁	葡萄牙			中国台湾地区
厄瓜多尔	英国 & 爱尔兰（共用）			日本
巴西	荷兰 & 瑞典（共用）			韩国

根据 IDC 2012 年的报告，在西欧地区，赛门铁克（Symantec，美国）独大，迈克菲（McAfee，美国）次之，卡巴斯基（Kaspersky Lab，俄罗斯）、趋势科技（Trend Micro，美国）、Sophos（英国）、F-secure（芬兰）所占份额差不多。

卡巴斯基的主要应用领域为信息安全及网络安全防护（见表 12-3）。

表 12-3 卡巴斯基的主要产品情况

主要产品	类型	功能简介	应用
卡巴斯基中小企业安全解决方案	中小企业安全解决方案	云辅助，实时保护免受网络威胁；安全支付；基于加密的保护；防网络钓鱼技术；垃圾邮件过滤功能；安全密码管理；自动备份数据库	用于中小企业安全管理，保护信息、资金和设备的安全
卡巴斯基网络安全解决方案	企业安全解决方案	终端控制（包括应用程序控制、Web 控制、设备控制）；文件服务器安全管理移动安全（包括反垃圾邮件和防钓鱼组件、移动应用程序管理、移动设备管理、远程防盗等）；系统管理（包括漏洞和补丁管理、故障排除等）；加密	反恶意软件与卡巴斯基安全网络的自动漏洞利用预防、实时云辅助安全智能相结合，提供针对最新威胁的、针对性的保护

2. 以色列企业——多家争艳誉满园

在"一带一路"沿线国家中，以色列的工业信息安全企业在全球小有名气，如 Waterfall、Indegy、Checkpoint、Cyberbit、Nextnine、RAD Group、Radiflow 等。

Waterfall。该企业专注于工控边界防护领域，主要产品是工控网闸，支持主流的工业协议和应用，是世界上该产品门类的典型代表。同时，其解决方案被监管部门和政府机构认为是最好的工控安全实践,大量降低了政府和合规监管在关键基础设施等领域的成本和复杂性。主要应用领域为石油天然气、电力、交通运输、制造业、水利、制药业等(见表12-4)。

表 12-4 Waterfall 的主要产品情况

主要产品	类型	功能简介	应用
单向安全网	工业网闸	替代工业网络环境中的防火墙,为控制系统和操作网络提供绝对保护,防止源自外部网络的攻击。该技术已经由美国爱达荷国家实验室验证,它的结论是"系统的物理学防止从低安全区域到高安全区域的任何数据传输"	解决方案保护通信免于工业网络流入发电厂、制造平台、交通信号和导航系统、水和废物管理工厂、化学和制药平台及其他IT/OT连接中的工业控制网络
逆向硬件实施的单向安全网关	工业网闸	受保护的 OT 网络内的独立控制机制触发 FLIP 硬件改变方向,允许信息根据需要流回到受保护的 OT 网络;Digital Bond Labs 评估了 FLIP 的安全级别,并得出结论:"FLIP 始终是单向的,并且该方向不能被远程操纵,即使高度熟练的攻击者穿透它也比防火墙更难"	
安全旁路		当选择的安全程序在控制系统和工厂紧急情况下必须暂停时,安全旁路产品可以与单向网关并行部署。安全旁路产品永远不能通过任何的、不论多复杂的网络攻击远程激活	

Indegy。该企业通过网络安全平台,提供可视化操作和控制面板技术,确保运营安全,防止网络攻击、内部员工恶意操作及运营操作失误等情况发生。Indegy 监测器可以锁定工业控制系统内的所有获得信息,并且通过控制层协议支持实时监测各种工业控制配置变化。工业控制系统工程师和安全防护员工能够快速定位问题源,及时做出判断,防止问题恶化(见表12-5)。

表 12-5 Indegy 的主要产品情况

主要产品	类型	功能简介
系统控制层的可视化监控产品	平台解决方案	基于核心技术控制网络检查(CNI)、无代理控制器验证(ACV)及可监控 ICS 网络,并为控制层活动提供独特且关键的可视性,识别控制器逻辑、配置、固件和状态的实时更改。作为成套网络设备交付,平台是无代理的、非侵入式的,无操作中断部署

Checkpoint。作为全球首屈一指的 Internet 安全解决方案供应商,CheckPoint 致力于为客户提供无可比拟的防护,抵御各种类型的威胁,降低安全复杂性和总体拥有成本。在 ICS/SCADA 网络安全领域提供先进的威胁防御,加固设备选择和综合协议支持以保障关键基础设施。其下一代防火墙技术可提供全面可视化监控和精细化管理。主要应用领域为发电设施、交通、水处理等关键基础设施。除了产品和解决方案多次获得最佳称号,该企业的财务和市场业绩也使其从 1998 年起连续 16 年被 Gartner 评为防火墙魔力象限的领导者(见表12-6)。

表 12-6 Checkpoint 的主要产品情况

主要产品	类型	功能简介	应用
1200R 加固设备	安全网关	提供 SCADA 流量的全面可视化和精细管理，具有 SCADA 感知威胁检测和预防的全面安全性，使用加固设备提供所有安全功能	提供先进威胁防御配合强化设备选项和全面的协议支持，以确保重要资产，如发电设施、交通控制系统、水处理系统等

Cyberbit。该企业为以色列著名国防公司 Elbit 的子公司，主要为情报机构和执法机构提供通信情报技术和检测（包括非入侵式网络协议和硬件诊断、深度报文分析），以及网络攻击抑制和响应（包含安全事件管理、安全事件分析和态势感知、决策支持和解决方案推荐）。主要应用领域为电力公司、石油能源、交通等（见表 12-7）。

表 12-7 Cyberbit 的主要产品情况

主要产品	类型	功能简介
SCADA Shield 综合网络安全产品	ICS/SCADA 安全和连续性解决方案	发现网络中的所有设备，识别 OT/IT 接触点，并暴露客户不知道的配置问题。深度包检测、了解系统行为，并在几秒内识别连续性和安全风险。低接触设置、自学习算法和自动规则创建使客户能够在几天内启动和运行，降低成本并最小化对基础架构的影响。符合行业法规，包括 NERC CIP、NIST 800-82 和 ISA/IEC 62443

Nextnine。该企业是针对复杂多厂商 ICS 环境提供自上而下 OT 安全管理解决方案的领先供应商。Nextnine 的 ICS Shield 是一个经现场验证的解决方案，用于从单个安全和操作中心保护多站点远程现场资产，从而使工业组织能够受益于集成的 OT/IT 操作，同时将安全漏洞降至最少。使用 ICS Shield，工业运营商可自动部署和实施工厂级策略，从而提高安全治理的合规性，同时节省 OT 和 IT 资源。Nextnine 解决方案已由系统集成商（SI）、托管安全服务提供商（MSSP）和全球数千家工厂的最大自动化供应商部署。主要应用领域为石油和天然气、公共事业、化工、矿业和制造业（见表 12-8）。

表 12-8 Nextnine 的主要产品情况

主要产品	类型	功能简介	应用
ICS Shield	OT 安全管理解决方案	用于从单个安全和操作中心保护多站点远程现场资产，这一经过现场验证的解决方案可自动化部署和实施工厂级安全策略，同时专注于诸如资产可见性、修补、日志收集、事件报警和响应以及合规性报告等安全要素	在石油和天然气、公共事业、化工、矿业和制造业的全球数千个地点部署

RAD Group。RAD Group 是全球知名的电信接入解决方案和产品供应商，客户遍布顶级服务提供商、电力公司、运输部门和政府。在工控领域，其主要针对集成在网络交换机中的分布式 SCADA 感知防火墙，提供使用带有内置防火墙/VPN 的安全以太网交换机，可靠地连接和保护 SCADA 设备免受"内部"攻击的解决方案。坚固的以太网交换机使用高度安全的防火墙监控应用程序流量，并阻止未经授权的、潜在的破坏性活动。主要应用领域为公共事业、石油和天然气、水资源等（见表12-9）。

表 12-9 RAD Group 的主要产品情况

主要产品	功能简介	应用
SecFlow-4 加固型模块化 SCADA 感知以太网交换机/路由器	高密度模块化系统，具备专门针对 SCADA 应用而设计的内置安全机制，融合了通常要求使用单独设备的功能，提供了高效的分布式安全层，可防止内部攻击。该设备可监控 SCADA 指令，利用深度分组检测来验证其是否符合特定功能的应用逻辑	适用于要求分布式安全的公用事业机构、企业和重要基础设施机构，如智能电网运营商、智能交通系统运营商、自来水公司、煤气公司，以及公共安全机构、国土安全机构等

Radiflow。世界领先的关键基础设施网络（SCADA）网络安全解决方案提供商，是 RAD Group 的一家子公司。Radiflow 的安全工具验证了 M2M 应用和 H2M（人机对机器）会话在分布式操作网络中的行为。Radiflow 的安全解决方案既可用作远程站点的在线网关，也可作为非侵入式 IDS（入侵检测系统）在每个站点或集中部署。主要应用领域为电力、水处理、石油和天然气、可再生能源、轨道交通、远程维护、制造业等（见表12-10）。

表 12-10 Radiflow 的主要产品情况

主要产品	功能简介
iSID 工业网络安全和入侵检测	①自动学习拓扑和操作行为；②基于 SCADA 的 DPI 协议的网络流量分析；③针对 PLC 中配置变更的监管；④基于模型的异常检测分析；⑤基于特征的已知脆弱性检测；⑥非入侵式的网络操作；⑦中央或分布式部署；⑧假报警率低
3180 安全加固路由器	一个坚固耐用、紧凑、安全的交换机/路由器，基本配置为 2x100/1000 SFP 和 8x10/100 BaseT PoE 端口及各种附加可选接口，包括 8x100FX、8×10/100BaseT、4xRS-232 和蜂窝调制解调器
1031 安全加固网关	进一步增强了 Radiflow 提供的耐用型交换机。新的 1031 安全加固网关设计用于小型远程站点，需要通过公共网络安全远程连接到有限数量的设备，因此，可以补充 Radiflow 的关键基础设施的加固，多用户/多网络交换机系列
3700 安全加固模块化路由器	一个加固、模块化和完全冗余的交换机/路由器，具有高达 28xGE 吞吐量和 7 个插槽用于网络模块。为应对网络攻击日益增加的风险，3700 支持 IPSec VPN 隧道，用于一个防火墙，用于 SCADA 协议的服务感知检查。Radiflow 3700 高级功能集成为部署安全以太网络的关键公用基础设施应用程序（如子站自动化和智能交通）的理想平台

Claroty。Claroty 是以色列著名的网络安全铸造厂 Team8 启动的一家公司（Team8 的创始人 Nadav Zafrir 曾是以色列军事信号情报组织 8200 部队

的指挥官），在 2016 年 A 轮融资后走出隐身模式。Claroty 的主要业务是设计保护、优化运行关键基础设施的 OT 网络。授权运行和保护工业系统的人员可充分利用他们的 OT 网络，通过发现最细粒度的元素，提取关键数据并制定可执行的见解。该企业提供了极高的可视性，并为 OT 网络带来了无与伦比的清晰度。Claroty 的主要应用领域为石油和天然气（见表 12-11）。

表 12-11　Claroty 的主要产品情况

主要产品	功能简介
极致的可视化跨 ICS 层协议平台	提供了每个站点的控制资产的清晰视图，并显示实时状态；学习表示每个资产的合法行为的连接、回话和命令的有限集，以及违反此基准的异常行为的警报，对正常但高风险变化提供实时监控，指示网络中存在不同的恶意状态和活动的资产行为；使用安全的深度包检测来持续监视 OT 网络，提供主动网络增强、事件响应和取证

　　ICS^2。含义是"智能工业控制系统的网络安全"，该公司由一支 IT 和 OT 经验丰富的团队组成，开发了一种 On-Guard IDS 设备，该设备通过机器学习和数据分析进行信息物理系统的入侵检测以提高工厂生产力。主要应用领域为水系统、石油和天然气、石化和电力（见表 12-12）。

表 12-12　ICS^2 的主要产品情况

主要产品	类型	功能简介	应用
ICS^2 On-Guard	工业过程机器学习系统	工厂工业过程动态学习系统和异常检测系统	专为工业过程设计的系统，与其他系统相比，工业过程具有包含大量内置传感器，以及所测量的传感器非常接近的反馈控制回路的特点。因此水系统、石油和天然气工厂、石油化工厂和发电厂都有这种特点。设计使用这种具有特定特征的网络安全系统给网络防御者提供了巨大的优势
ICS^2 Analyzer		通过过程异常检测网络干预离线产品（基于 P&ID 来定位事件）	
ICS^2 Active Guard		检查系统完整性的保护系统	
ICS^2 Protector		遵循人类操作员与系统的交互，并学习正常的操作程序。当发生与正常操作员行为的偏差时，ICS^2 保护报警。ICS^2 Protector 还可以检测个体操作员特有的行为模式	

　　Assac Networks Overview。该企业主要开发、集成和销售 SCADA 与 ISP，为政府及商业组织提供 IT、电信、网络保护领域的网络取证、安全产品和解决方案（见表 12-13）。该企业成立于 2011 年，由 Snapshield 有限公司创始人兼首席执行官 Shimon Zigdon 创立。

表 12-13　Assac Networks Overview 的主要产品情况

主要产品	功能简介
全功能 SCADA 网络保护解决方案	包含 3 个最佳组件：①高级数据分析系统，提供彻底的深度数据包检查，并立即检测任何恶意活动、网络行为异常、策略违规、网络攻击等；②一个独特的追溯机制，可以快速、准确地定位攻击源；③集中管理系统(CMS)，为网络管理员提供整个网络的准确、实时的态势感知图像

G.Bina。G.Bina 成立于 2006 年，是一家精品咨询公司，提供高度专业的信息安全服务、ICT 与 SCADA 风险评估（见表 12-14）。

表 12-14 G.Bina 的主要产品情况

主要产品	功能简介
SCADA 风险评估和管理解决方案	全面风险管理服务：提供一套全面的解决方案，从规划和风险评估的早期阶段，到实施和维护最有效的解决方案。在每个阶段，评估 SCADA 运营和安全保护的有效性。通过高效的方法，系统地评估组织的技术状况以应对当前和新出现的威胁，并设计相关的降低风险计划

SCADAfence。该企业提供旨在确保工业（ICS/SCADA）网络的操作连续性的尖端网络安全解决方案，其应用领域主要是采用工业物联网／工业 4.0 技术的行业，如制药、化学、食品和饮料，以及智能制造行业，如表 12-15 所示。该公司的产品由 OT 网络安全专业人员及世界知名的专家开发，包括以 SCADAhacker 知名的 Joel Langill。SCADAfence 位于以色列的 Be'er Sheva 网络安全卓越中心，并受到全球网络安全投资领导者 JVP 的资助。

表 12-15 SCADAfence 的主要产品情况

主要产品	功能简介
OT 网络被动解决方案	旨在减少操作风险的被动解决方案，如停机时间、流程操纵和窃取敏感的专有信息。该公司提供全面的解决方案套件，包括对工业环境的连续实时监控及旨在自动化安全评估过程的轻量级工具。解决方案提供日常操作的可视性、网络攻击的检测及旨在提高响应能力的取证工具

Thetaray。该企业作为大数据分析平台和解决方案的领先提供商，为高级网络安全、运营效率和风险检测提供解决方案，保护金融服务部门和关键基础设施免受未知威胁。Thetaray 的核心技术基于最先进的算法、专有的超维度和多域大数据分析平台。对于操作依赖于高度异构和复杂环境的组织，使用 Thetaray 无与伦比的检测和低误报率作为一股独特的力量，使他们能够统一检测和击败未知威胁（见表 12-16）。

表 12-16 Thetaray 的主要产品情况

主要产品	功能简介	应用
Thetaray 分析平台	该解决方案提供了未知操作威胁的端到端检测，轻松集成到现有客户系统，如客户数据源、历史数据、控制和管理系统。主要功能包括数据处理和存储、异常检测、警报生成／分发和事件调查。特点：①未知操作威胁检测；②不受监控，实时分析；③工业级精度；④快速部署；⑤大数据分析	受监控的 ICS/SCADA 关键网络包括发电厂、发电和输配电网络、石油和天然气设施及关键制造场所等。对于每个环境，该解决方案分析几乎任何类型的可用机器数据，如涡轮机、泵、PLC、IDU、飞机发动机等

3. 印度企业——不容小觑的软件大国"安全秀"

作为软件大国,印度的一些工业信息安全企业,如 Aurionpro、Paladion 等,已经迈出全球化的步伐。

Aurionpro。该企业是一个领先的技术产品和解决方案提供商,帮助企业加速数字创新。它提供安全的、可伸缩的、高性能的安全产品,用于防止网络攻击和提供服务,并帮助企业过渡到下一代访问管理系统(见表 12-17)。目前已在全球 15 个国家设立了 26 个办事处。

表 12-17　Aurionpro 的主要产品情况

主要产品	功能简介	应用
账户管理、云服务、Web Center内容迁移工具/服务内容、WebCenter 门户、应用程序开发框架（ADF）、面向服务的体系结构（SOA）、融合应用（企业捕获和识别形式）	提供自动化的解决方案	包括门户网站、内容管理、网络体验管理和协作平台等完整的产品组合
Isla 防火墙	网络恶意软件隔离设备	解决方案包括岛屿控制中心,为 IT 安全经理提供所需的工具及 Isla 电器的快速部署和管理整个企业
Cyberinc 身份管理系统	身份认证	提供端到端安全服务,从咨询、实施和管理服务的身份治理,到下一代访问管理和 API 的安全,维护具有安全性、机密性、完整性和可用性的数据

Paladion。该企业是一家专业的信息风险管理厂商,10 多年来,已为超过 700 个客户管理信息风险。它提供全链条的服务,包括合规、治理、监测、安全分析和安全管理等(见表 12-18)。

表 12-18　Paladion 的主要产品情况

主要产品	类型	功能简介
RisqVU^{TM} GRC	GRC 管理平台	进行风险分析和风险管理
RisqVU^{TM} AVO	AVO 管理平台	内置网络扫描工具和安全配置,集成 Netsparker、应用程序扫描、源代码扫描等,并与 Paladion 的集成测试（SCADA 等）框架进行整合
RisqVU^{TM} ADR	ADR 管理平台	基于大数据的网络安全解决方案,运用机器学习算法和可视化分析来发现未知的威胁
RisqVU^{TM} IST	IST 管理平台	信息安全软件,提供直接的态势感知

4. 中东欧企业——老牌工业国的稳扎稳打

在中东欧地区，斯洛伐克、捷克、罗马尼亚、拉脱维亚的部分企业在工业信息安全领域的表现可圈可点，特别是罗马尼亚 SOFTWIN 集团的下属公司 Bitdefender，是迄今为止唯一被欧盟委员会授予欧洲 IST 创新奖的东南欧公司。

斯洛伐克的 ESET。该企业是总部位于斯洛伐克布拉迪斯拉发的一家世界知名的计算机安全软件公司，创立于 1992 年，是一家面向企业与个人用户的全球性的计算机安全软件提供商。ESET 公司连续五年被评为"德勤高科技快速成长 500 强"（Deloitte's Technology Fast 500），拥有广泛的合作伙伴网络，在全球超过 80 个国家都设有办公室，代理机构覆盖全球超过 100 个国家。主要应用领域为信息安全及网络安全防护（见表 12-19）。

表 12-19 ESET 的主要产品情况

主要产品	类型	功能简介
NOD32	防病毒软件	包含病毒防御与清除、反间谍软件、反垃圾邮件、防火墙等功能

捷克的全球著名信息安全企业 Avast。该企业的研发机构在捷克首都布拉格，与世界上许多国家的安全软件机构都有良好的合作关系。早在 20 世纪 80 年代末，Avast 公司的安全软件已经有较大的市场占有率，但当时仅限于捷克。Avast 擅长安全软件方面的研发，Avast 系列是其王牌产品，在许多重要的市场和权威评奖中都取得了骄人的成绩，在进军国际市场后也赢得了良好的增长率（见表 12-20）。

表 12-20 Avast 的主要产品情况

主要产品	类型	功能简介	应用
端点防护套装加强版	企业安全产品	终端防护、文件服务器防护、电子邮件服务器防护、桌面防火墙、反垃圾邮件、远程管理	分为中小企业和大型企业版本，面向不同用户

罗马尼亚的 SOFTWIN。该企业是罗马尼亚软件解决方案和服务提供商，总部位于首都布加勒斯特。其主要产品 BitDefender Professional Plus，将杀毒、防火墙、反垃圾邮件模组整合到一个全面的安全工具套件中，适用于各类用户（见表 12-21）。

表 12-21 SOFTWIN 的主要产品情况

主要产品	类型	功能简介	应用
BitDefender Professional Plus	反病毒与端点安全产品	永久的防病毒保护、后台扫描与网络防火墙、保密控制、自动快速升级模块、创建计划任务和病毒隔离区	保护计算机安全

此外，该集团的下属子公司 **Bitdefender** 是一家私人控股的安全软件公司，创建于 1996 年。主营业务为反病毒和端点安全防护，主要产品包括 ANTIVIRUS PLUS、INTERNET SECURITY、TOTAL SECURITY、FREE ANTIVIRUS、BITDEFENDER BOX 等，凭借反病毒软件、防间谍软件、防垃圾邮件、隐私保护、双向防火墙、入侵检测、内容过滤、救援模式、家长控制、垃圾清除、上网保护、文件加密、远程管理等多种安全管理工具为多个平台下的计算机、网关、互联网服务器、邮件和文件服务器等提供全面的防护。公司目前在德国、西班牙、英国、美国等地设有分公司，业务遍及 100 多个国家和地区，涉及银行、保险、证券、电信、交通等领域。当前，该公司多个产品得到国际授权组织和认证机构的肯定，也被国际众多杀毒软件厂商采用，被视为业内反应速度最快、最有效的安全软件产品之一，连续 10 年排名世界第一。

拉脱维亚的 ELKO GRUPA。该企业 1993 年创建，总部位于拉脱维亚的里加，旨在为当地零售商提供新的 IT 产品；还是欧洲和中亚地区 IT 产品和解决方案的分销商。目前 ELKO 的两个主要业务领域是：为合作伙伴提供各种解决方案和服务，计算机和电子产品批发。ELKO 在拉脱维亚、爱沙尼亚、立陶宛、俄罗斯、乌克兰、罗马尼亚、斯洛文尼亚、斯洛伐克、捷克共和国和哈萨克斯坦 10 个国家开展业务。当前该企业的业务范围涉及工业信息安全系统，包括：建立具有视频监控和直观控制功能的灵活访问控制系统，防范无授权访问、财产和信息窃取；通过传输单元位置追踪使用者，建立用户数据库，并评估工作 / 休息时间等。

在东南亚地区，新加坡的工业信息安全企业小有所成，如 i‐Sprint。该企业成立于 2000 年，主要业务领域为：凭证管理和通用身份认证，是全球信息安全解决方案供应商；设计和研发基于细分市场的、企业级账号和统一的身份认证产品以安全地访问企业内部和机密信息（见表 12-22）。i‐Sprint 的产品在美国、新加坡、马来西亚、泰国、日本、中国等 15 个国家和地区部署应用。

表 12-22 i‐Sprint 的主要产品情况

主要产品	功能简介
AccessMatrix 整体解决方案	统一的身份认证（支持多身份认证方式、支持多步骤认证流程）； 统一的单点登录（能使 webSSO 应用程序和非 webSSO 应用程序都运行 SSO）； 统一的凭证管理（交互式用户和功能性 ID 的用户身份管理；特权 ID 和密码的使用管理）； 统一的审计报告（提供访问和跟踪报告，向管理员报告工作、访问活动及违背安全策略的活动）

5. 中国企业——后来居上与厚积薄发

再看我国工业信息安全的情况，近几年，国内信息安全市场规模增长率一直在 15% 以上，2016 年市场规模达到 825 亿元。其中，工业信息安全市场规模占整体市场 13% 的份额，包括石化、化工、油气、电力、冶金、纺织、电子、造纸、建材、矿业、食品饮料、烟草及市政（主要是供水 & 水处理、供暖、供气）等行业。

需要正视的是，当前我国工业信息安全产业处于起步阶段，工业信息安全市场处于平稳增长的导入期。我国工业信息安全产业总体规模较小、增速平缓，与国外工控领域大企业转型发展工业信息安全不同，我国工业信息安全企业大多由传统网络安全企业向工业领域延伸，而且中小企业占比超过 95%，但有望未来 3～5 年进入快速增长期。

同时，我国工业信息安全市场主要集中在工业隔离网关 / 电力专用隔离装置和工业防火墙 / 电力防火墙等领域（见图 12-5），硬件、服务业占比量较低，特别是在芯片、核心软件等关键领域，我国仍处于"跟跑"阶段，想取得技术引领难度较大。

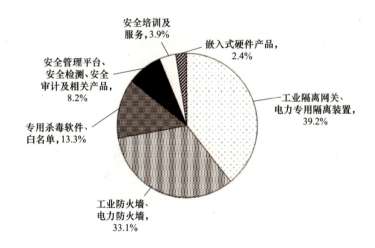

图 12-5　2016 年我国工业信息安全市场产品格局

资料来源：国家工业信息安全发展研究中心。

即便如此，我们也无须气馁。随着"中国智能制造战略规划""互联网＋"

的工作逐步开展，工业信息安全更是日渐深入人心。2016年10月，工业和信息化部发布了《工业控制系统信息安全防护指南》，指导工业企业开展信息安全防护工作，其中涉及的工控信息安全防护技术主要包括安全隔离、主机外设管理、身份认证、远程接入安全、集中审计、恶意代码防护、工业协议深度包检测、网络安全监测、数据备份等。

根据当前我国工业信息安全企业主营技术的分类，大致包括以下几类典型企业。

√ 安全隔离类（见表12-23）

表12-23　国内安全隔离类部分主要厂商及产品概览

厂商	安全产品	厂商	安全产品
匡恩网络	IAD智能保护平台、智能工业防火墙、智能工业网闸、数采隔离平台、IDC智能保护平台	珠海鸿瑞	工业防火墙、网络隔离装置
启明星辰	工业防火墙、工业网闸	绿盟科技	工业安全网关、工业安全隔离装置
海天炜业	工业防火墙	三零卫士	工业防火墙
威努特	可信网关	立思辰	工控内外网隔离设备、工业防火墙
力控华康	工业防火墙、工业网络安全防护网关	中科网威	工控防火墙

√ 身份认证类（见表12-24）

表12-24　国内身份认证类部分主要厂商及产品概览

厂商	安全产品	厂商	安全产品
华大智宝	动态令牌、密钥管理系统	安策科技	统一身份认证系统
得安信息	数字证书认证系统、密钥管理系统	安盟电子	双因素身份认证系统

√ 主机外设管理类（见表12-25）

表12-25　国内主机外设管理类部分主要厂商及产品概览

厂商	安全产品	厂商	安全产品
匡恩网络	优宝UBO、工控卫士	威努特	可信卫士
海天炜业	InTrust工控可信计算安全平台	立思辰	终端防护应用程序白名单系统

√ 集中审计类（见表12-26）

表12-26　国内集中审计类部分主要厂商及产品概览

厂商	安全产品	厂商	安全产品
匡恩网络	监测审计平台、数控审计保护平台	启明星辰	工控安全管理平台
海天炜业	工控安全管理平台	绿盟科技	安全审计系统
威努特	工控安全监测与审计系统	中科网威	集中管理系统

√ 恶意代码防护类（见表 12-27）

表 12-27　国内恶意代码防护类部分主要厂商及产品概览

厂　商	安全产品	厂　商	安全产品
匡恩网络	工控卫士、可信工控卫士	威努特	可信卫士
海天炜业	InTrust 工控可信计算安全平台	立思辰	终端防护应用程序白名单系统

√ 远程接入安全类（见表 12-28）

表 12-28　国内远程接入安全类部分主要厂商及产品概览

厂　商	安全产品	厂　商	安全产品
深信服	IPSec VPN、SSL VPN	绿盟科技	工业安全网关（带 VPN 功能）
启明星辰	天清汉马 VPN 安全网关	天融信	IPSEC VPN
珠海鸿瑞	拨号安全服务器		

√ 数据备份类（见表 12-29）

表 12-29　国内数据备份类部分主要厂商及产品概览

厂　商	安全产品	厂　商	安全产品
华为	数据备份恢复系统	联想	数据备份恢复系统
中兴	数据备份恢复系统	匡恩网络	业务持续性管理系统

√ 工业协议深度包检测（见表 12-30）

表 12-30　国内工业协议深度包检测类部分主要厂商及产品概览

厂　商	安全产品	厂　商	安全产品
匡恩网络	IAD 智能保护平台、智能工业防火墙、数采隔离平台、IDC 智能保护平台	珠海鸿瑞	工控防火墙
海天炜业	工业防火墙	绿盟	工业安全网关
威努特	可信网关	三零卫士	工业防火墙
启明星辰	工业防火墙	立思辰	工业防火墙
力控华康	工业防火墙	中科网威	工业防火墙

√ 网络安全监测（见表 12-31）

表 12-31　国内网络安全监测类部分主要厂商及产品概览

厂　商	安全产品	厂　商	安全产品
匡恩网络	漏洞挖掘检测平台、威胁态势感知平台、威胁评估平台	绿盟	工控入侵检测系统、工控漏洞扫描系统
海天炜业	工控安全管理平台	三零卫士	工控信息安全监控系统
威努特	工控安全监测与审计系统	立思辰	工控网络安全监控系统
启明星辰	工控异常检测系统、工控安全风险评估平台、工控漏洞扫描系统	中科网威	异常感知系统

从《网络安全创新 500 强》企业榜单中可以看到，我国上榜企业数量已经较 2016 年年底增长了 1 倍，8 家工业信息安全企业在创新方面全球表现亮眼。

耐誉斯凯（Nexusguard），全球排名第 24 位，是对抗恶意网络攻击的全球领导性厂商，它主要通过网络向客户提供解决方案，以确保其用户能享受无间断的网页服务，保护他们免受日益增加并不断进化的众多网络威胁的侵害，特别是分布式拒绝服务（DDoS）攻击。Nexusguard 总部位于中国香港，在中国台湾地区另设有办事处，在全球各地均分布（全互联）着巨大洁净流量中心，致力于为用户提供高定制、高品质、低延迟、经济、高效的 DDoS 防护服务。

奇虎 360（排名第 126 位）是中国在创新方面首屈一指的安全企业。该企业致力于通过提供高品质的免费安全服务，为用户解决上网时遇到的各种安全问题。该企业开发了全球规模和技术均领先的云安全体系，能够快速识别并清除新型木马病毒，以及钓鱼、挂马恶意网页，全方位保护用户的上网安全。

安天实验室是专注于威胁检测防御技术的领导厂商，其主要产品是名为 AVL SDK 的反病毒引擎中间件，可以用于检测 PC 平台和移动平台的恶意代码、广告件和间谍件。用户可以轻松地将它集成到自己的网络设备产品、软件或移动应用中，立即获得顶级的反病毒能力。AVL SDK 可以被移植到不同的硬件平台，并适应不同的网络环境和计算能力；它对恶意代码的检测能力也已经得到权威测试和学术研究的验证。目前，AVL SDK 已经被美国、日本和中国的多家安全企业采用，运行在数万台网络设备和近千万台移动设备之中。此外，该企业还提供下一代反病毒服务，包括开放的恶意代码云检测、恶意代码知识百科、后端自动分析系统、按需人工分析和响应等，从而协助引擎用户提升应对恶意代码相关威胁的综合能力。

深信服成立于 2000 年，是安全与云计算解决方案供应商，业务包括：电子产品、通信产品的研发，计算机软件、硬件的技术开发，系统集成及相关技术咨询（以上均不含专营、专控、专卖商品及限制项目）；销售自主研发的产品；货物及技术进出口（不含分销）；软件产品、网络产品的研发性生产。目前，该企业在美国硅谷、北京、深圳、长沙等地拥有研发中心；拥有员工逾 3000 人，其中 40% 的员工从事研发工作；企业共有 48 个国内分支机构，以及遍布美国、英国、马来西亚、泰国、印度尼西亚、新加坡等国家的分支机构。

微步在线是我国首家专业的威胁情报公司，致力于提供及时、准确、独特的威胁情报，用来检测及防御攻击。团队主要成员来自亚马逊、阿里巴巴、微软等公司，包括顶级的漏洞分析专家、资深的安全分析师、熟悉大数据和云计算的软件工程师，以及数据分析师、设计师等。其业务聚合全球多家顶级杀毒软件优势，为用户提供全类型可疑文件（包括可执行程序、移动App、文档等）的动静态分析和检测服务，在提供全面检测服务的同时，还可以清楚地展现恶意软件的网络及主机行为，让用户对其危害及影响有更详细的了解。

绿盟科技（NSFOCUS）成立于2000年4月，总部位于北京。在国内外设有40多个分支机构，为政府、运营商、金融、能源、互联网及教育、医疗等行业用户提供具有核心竞争力的安全产品及解决方案，帮助客户实现业务的安全顺畅运行。绿盟科技在检测防御类、安全评估类、安全平台类、远程安全运维服务、安全SaaS服务等领域，为客户提供入侵检测/防护、抗拒绝服务攻击、远程安全评估及Web安全防护等产品，以及安全运营等专业安全服务。

印象认知（Vkansee）致力于提供简单、快捷、高度安全的生物特征识别解决方案，尤其是在移动互联及移动电子设备上。通过颠覆性的创新，印象认知将光学指纹采集技术带入新时代。印象认知成功地将光学指纹传感器的厚度降低至1.5mm以下，为移动设备上的指纹识别提供更新、更好的选择。该企业还为其他更广泛的行业提供指纹采集、识别技术及应用支持，如移动支付、安全数据存储、门禁控制、犯罪调查等。

本章小结

全球工业信息安全市场一直平稳低速增长，直至2016年进入快速成长期。全球不同类型的工业信息安全产品供应商根据自身优势角逐发力，老牌与新生的安全企业各有侧重，专业的工业信息安全服务领域不断拓展，产业链上下游企业通过资本整合加速全球市场布局。

第十三章　方兴未艾

安全问题与新技术发展如影随形。云计算、大数据、物联网等新技术的涌现，改变了网络的应用环境，网络安全受到了前所未有的关注。近几年，全球范围的重大工业信息安全事件层出不穷，每次都为我们敲响了警钟。这种"与生俱来"的安全问题，通常覆盖国家安全、社会安全、基础设施安全、人身安全等方面，并让传统防御模式难以有效，引起了更为广泛的关注。

第一节
面对，不可预知的未来

未来几年工业信息安全的重要变化趋势是逐步向工业互联网安全和工业大数据安全演化。大数据、云计算、物联网、移动互联网和软件定义网络、宽带无线等新一代信息通信技术已成为国家关键基础设施领域工控网络的核心技术。同时，各类新技术的应用也引入了更多新的风险，给传统防护体系带来严峻挑战，导致"易攻难防"的局面。而这种不断严峻的发展形势，势必对工业信息安全产业发展与技术创新带来更大的需求，行业深度整合将成为企业开展国际合作的重要抓手。

当今世界，新一轮产业革命方兴未艾，数字经济蓬勃发展。工业互联网打通工业数据孤岛，促进工业全要素、全流程、全产业链的互联互通，加速传统工业生产效率提升、销售模式创新、产业结构优化与经济转型升级，已成为面向未来的新型制造网络基础设施。正是这种全方位的互联互通与数据流动，使信息安全面临的挑战多了几分不可预知。这主要表现在：互联互通导致攻击路径增多，数据保护难度加大，下层工业控制网络安全性考虑不充分，对平台、数据及业务系统的安全可控性减弱，传统数据安全防护措施难以满足工业大数据发展需求，工业大数据的防护与监管成为盲点等。

除了工业互联网、工业大数据等产业级的创新应用，以新技术发展单论，人工智能、生物识别、区块链、云计算、物联网等技术创新均会带来不可预知的安全问题。以物联网技术为例，Gartner曾预测，到2020年全球将有超过200亿台物联网设备投入使用。物联网技术的快速普及，将为活跃在网络中的黑客提供大量诱人的攻击机会，利用脆弱的物联网设备组成僵尸网络发动大规模DDoS攻击的频率将会增强。而正是由于物联网的这种超级链接性，银行账户、移动设备、汽车、电视乃至交通信号、发电厂、航班、导弹、卫星等都可能因针对物联网而发起的网络攻击受到严重影响。再如区块链技术，随着各种数字货币（如比特币、以太坊等）大热，该技术俨然成为安全界的新宠，而由于数字加密货币的特殊性，由区块链技术催生的恶意攻击活动将在未来更加频繁。特别需要关注的是人工智能，虽然利用网络安全自动化（AI）技术检测和防范新兴复杂威胁成为未来的大趋势，但同时也能成为网络犯罪的利器，犯罪分子可以利用AI技术实施自动化攻击，同时也可利用AI技术进行自动化漏洞检测、构建恶意软件等，而且不用付出高昂的攻击成本，攻击效率也大幅提高。

面对这样善变、不可捉摸的未来，再采用随时发现病毒、随时堵截的"守株待兔"式的传统做法，已经颇为吃力，甚至捉襟见肘。然而，亡羊补牢，犹未迟也。在维护工业信息安全方面，既要采取事后补救措施，也要考虑通过追踪调查将病毒软件消灭在萌芽状态；既要坚持自主创新，又要以开放合作的心态开展创新式合作。我们还可以将思维发散些，在如履薄冰、风险日益增加的形势下，成立世界工业信息安全组织，强化网络空间安全执法力度，也未尝不是可以立竿见影维护国家安全的有效举措。

第二节
这个世界，从不故步自封

如果说过去的 20 年是消费互联网时代，那么未来 20 年产业互联网将大有作为。随着大数据、人工智能、移动互联网、云计算和物联网等新技术的迅速兴起和相互促进，互联网不仅将深度改变现有的生产方式，也将全方位改变现有的生活方式。换句话说，人类正在以前所未有的速度进入数字化时代，如同迁徙到一个全新的数字化星球。在这样一个全新的环境中，安全问题更是分分秒秒都在发生的现实问题。

维护工业信息安全，人人有责，安全企业更是责无旁贷，我们应勇挑重担，携手共建关键信息基础设施安全保障体系，全天候、全方位感知网络安全态势，切实增强网络安全防御能力和威慑能力。

维护工业信息安全，关键是提高自主创新能力，创造更可靠、更稳定、更高效、更可信的核心技术。无数事实证明，核心技术是花钱买不来的，只有自己拥有核心技术，才能真正掌握竞争和发展的主动权，才能做到自主可控、从根本上保障网络和信息安全。要想在核心技术上取得突破，就必须充分依靠国内力量，走产学研合作之路，完善创新链条，下定决心、持之以恒，力争把颠覆性、革命性的基础技术、通用技术和前沿技术牢牢掌握在自己手中。

当前，我国工业信息安全产业综合实力显著增强，产业发展已进入崭新阶段，这需要产业链上下联动推动安全核心技术创新。首要做的，应该是产业上下联动，共同构筑良好的生态系统。在当前网络安全领域所处的环境已发生根本性变化的前提下，网络攻击的手段越来越复杂，所产生的影响与危害也越来越严重。工业信息安全产业已经进入"大安全时代"，需要改变传统的安全思维，用总体、全局的安全观来指导安全产业发展。因此，应对工业信息安全不能"单打独斗"，需要政府主管部门、产业界、学术界等各方紧密协作，构筑良好的生态系统。最为关键的就是，要始终树立起"核心技术是工业信息安全技术与产业发展的'牛鼻子'"这一理念，要以国家网络安全保障需求为核心驱动力，打好安全核心技术攻坚战，支持企业、高校、科研机构等突破核心关键技术，加强对工业互联网、人工智能、大数据等新技术应用领域安全技术研究。另外，要以需求为牵引，加快促进工业信息安全技术成果转化，培育壮大安全产品服务市场，引导通信、能源、金融、交通等重要行业加大关键基础设施网络安全投入，促进工业信息安全产品服务应用普及，加快产品服务的迭代创新和演进升级；在参与者方面，从政府到企业，从学校到社会组织，从主管部门到执法部门，都需要做到守土有责、守土负责、守土尽责。同时，广大网民也需要参与其中，在网络空间命运共同体的召唤下，一起构筑安全防线，才能享受到更有品质的网络生活。

创新，从来不是无源之水、无本之木。开放带来进步，封闭导致落后。强调自主创新，绝不是要关起门来搞创新、什么事情都要自己做，而是要敞开胸襟、利用全球资源合作创新。在全球化、信息化、网络化深入发展的条件下，创新要素更具有开放性、流动性，各国经济科技联系更加紧密，任何一家企业、一个国家都不可能依靠自己的力量解决所有难题。要通过人才引进、技术合作、并购等途径，深化国际交流合作，充分利用全球创新资源，在更高起点上推进自主创新，共同应对网络安全的全球性挑战。而鉴于欧美发达国家在工业信息安全领域近乎垄断的地位，"一带一路"沿线国家（地区）如要摆脱不断跟随、受制于人的局面，则需要共同携手开展联合防护，立足自主可控的同时还应加强开放合作。

本章小结

人类历史上，任何一次重大技术革命在带来便利的同时都伴随着安全隐患，但人类每次都依靠自己的智慧战胜了挑战、享用着新技术的好处。只要我们坚持走开放创新之路，在深化合作中进一步提高自主创新能力，就一定能克服安全隐患、早日建成网络强国，让互联网更好地造福国家和人民。

第五篇

尚和合，求大同
——开放之路的先行军

> 天下之水，莫大于海。万川归之，不知何时止而不盈；尾闾泄之，不知何时已而不虚。春秋不变，水旱不知。
>
> ——《庄子·秋水》

　　工业信息安全领域的国际合作当前处于一个非常关键的节点：分岔路的一边是无限的争吵、相互质疑，令网络犯罪、网络攻击等风险继续滋长；另一边则是同仇敌忾，让工业信息安全合作成为推进全球治理合作的新契机与突破口。中国当前所处的角色、地位十分特殊，中国将成为工业信息安全国际合作中的决定性因素，因此选择如何站位、采取何种主张将影响深远。

第十四章　守望相助

世界因互联网而更精彩，生活因互联网而更丰富，网络空间日益成为一个你中有我、我中有你的命运共同体。然而，互联网发展不平衡、规则不健全、秩序不合理等问题日益凸显，网络攻击、针对关键信息基础设施的威胁、网络恐怖主义活动等已然成为全球公害。面对全球性的安全问题与挑战，各国需要在多个层面纷纷采取措施加以应对，强化合作对话机制等。抛开网络结盟的冷战思维，从积极的视角看，工业信息安全的国际合作走向联合、走向规范、走向共治、走向共同安全是发展的必然趋势。

第一节
暗箭袭，欲何往

知道素有"世界头号黑客"之称的凯文·米特尼克吗？2017年9月，在第三届中国互联网安全领袖峰会上，他向上万名观众展示了破解读取内存当中的密码是何等容易，即使计算机处于锁屏状态。他甚至还在短时间内做了一个隐藏了"WannaCry"勒索界面的假网站。

今天，战争不再只关乎部署坦克和大炮、战斗机、炸弹和士兵，新型的网络病毒开启了一个战争新时代。对关键基础设施的网络攻击，其破坏效果甚至能超越传统意义上的战争。有核国家几乎不可能动用核武器，但是网络攻击在目前却接近于不受任何约束。

不要以为只有欧美等发达国家才能"享受"这种"待遇",近年来,这已经发生在伊朗、沙特阿拉伯等国家身上。可以说,只要有工业、有关乎国民经济与社会发展的关键基础设施,这种信息安全风险就如影随形、如鲠在喉。

1. 工业威胁,不可名状之"痛"

工业信息网络具有特殊的专业性,按照一般的信息安全技术、产品、规范和标准无法完全满足工业信息安全保障要求。一是工业信息安全防护手段更困难。信息安全具有完整性、保密性、可用性、可控性4个特征,相对于一般信息安全更加注重保密性,工业信息安全更强调可用性。因为工业系统与生产管理紧密结合,不能随意停止,所以一般通过补丁升级的方式无法满足工业信息安全防护需求,防护难度更大。二是工业信息安全防护标准更复杂。由于工业系统涉及不同行业及不同软、硬件产品,通信协议相对一般系统的互联网协议更加五花八门,例如,常用仪表的通信协议就有Modbus通信协议、RS-232通信协议、RS-485通信协议、HART通信协议等,防护标准更加复杂。三是工业信息安全攻击渠道更多样。工业各系统间关联度较高,除针对工业控制系统等核心系统的攻击外,视频设备等工业辅助系统也已经成为工业信息安全的重要攻击渠道。2016年10月,攻击者利用网络摄像机等大量视频设备对美国Dyn公司的服务器发起DDoS攻击,使得半个美国网络瘫痪。

2. "无差别"的虚拟之箭

近年来,全球高危漏洞数量有增无减,重大工业信息安全事件屡屡发生,涉及行业不断扩大,攻击危害影响重大。远不说"震网"造成的巨大损失,单说2017年5月12日全球爆发的大规模勒索软件感染事件,就波及了上百个国家,使得能源、电力、天然气、通信、交通等多个工业相关领域遭受了攻击,受害者计算机直接被黑客锁定,相应系统运行被停滞。

多年来,工业信息安全漏洞居高不下已成为行业共识。美国ICS-CERT监测到2016年共有187个工控系统安全漏洞,保持高位数量(见图14-1)。在2016年发生的工控信息安全事件中,针对关键基础设施的攻击占比达到33%。

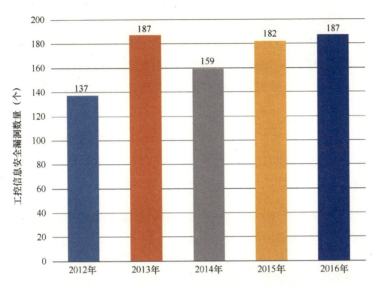

图 14-1　2012—2016 年工控信息安全漏洞数量

资料来源：美国 ICS-CERT。

卡巴斯基实验室也在 2016 年 7 月发布了一份关于 ICS 威胁环境的报告。这份报告指出，全球共发现涉及 170 个国家的 188019 台工业控制系统主机暴露在互联网中，这些主机中的一大部分极有可能是大型工业企业运营使用的。这些工业企业包括能源、交通运输、航空、石油和天然气、化工、汽车制造、食品、金融和医疗等行业及政府机构。这些主机中，有 92% 包含可被远程利用的漏洞，而且有 3.3% 包含严重的可远程执行的漏洞（见图 14-2）。

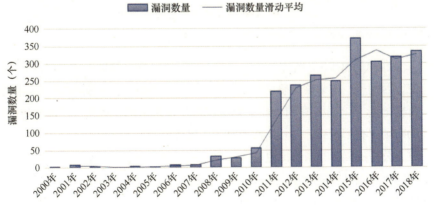

图 14-2　2000—2018 年的全球工业控制系统（ICS）漏洞

资料来源：卡巴斯基实验室，国家工业信息安全发展研究中心分析整理。

无独有偶，2016年8月，美国FireEye（火眼）网络安全公司也发布了一份关于过去15年全球ICS漏洞调查总结报告。从2000年到2016年4月，美国FireEye公司对123家工业设备制造商生产的工业设备进行了跟踪调查，全球范围内共发现了1552个能够影响工控设备正常使用的ICS安全漏洞。

随着全球工业信息安全意识的加强，2016年漏洞数量增长趋势有所下降，但据安全专家保守估计，未来几年里，ICS相关漏洞数量将以平均每年5%的幅度继续增长，这期间也会出现偶然的爆发或衰落。

据FireEye统计，2010年至今，漏洞修复比例逐年增长，但由于漏洞数量的激增，仍有大量漏洞未被修复（见图14-3）。

图14-3 漏洞修复与未修复数量对比

资料来源：FireEye公司，国家工业信息安全发展研究中心分析整理。

据ICS-CERT统计，公开漏洞所涉及的工控系统厂商依然以国际厂商为主，西门子、施耐德、研华科技、通用电气、罗克韦尔分别占据了漏洞数量排行榜的前5位（见图14-4）。这些国际厂商供应的工控系统产品在应用场合的市场占有率较高，自然而然地成了工控系统信息安全研究人员关注的主要对象，公开的漏洞数量占比也较高。但这并不意味着这些大品牌产品的信息安全问题比小众品牌的产品严重；相反，据研究人员的测试和推算，国内外小众品牌的工控系统产品的信息安全问题更为严重，甚至存在一些非常低级的信息安全漏洞。

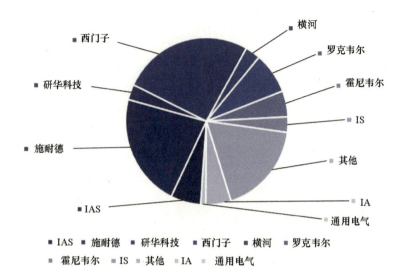

图14-4　ICS-CERT统计的各工控系统厂商出现的漏洞数据

资料来源：ICS-CERT，国家工业信息安全发展研究中心分析整理。

因漏洞引发的工业信息安全攻击事件影响可谓巨大。美国ICS-CERT公布的数据显示，工业信息安全事件自2011年起呈现爆发态势，并多年持续居高，其所属行业多为关系国计民生的关键领域。在2015年的统计中，工控系统信息安全攻击事件数量在经历了前几年的快速增长后，依旧处于高发水平，相比2014年增加了20%。由于2016年全球对工控系统的重视程度普遍有所提升，安全事件数量增长趋势有所下降。但因为工控系统和互联网的连接越来越密切，工控系统安全问题依旧处于高发水平。

2016年，能源、制造业、市政等国家关键基础设施受到的攻击最为严重，发生了97起安全事件，同比几乎增加1倍，成为ICS安全事件多发行业；而能源和给排水行业分别发生了46起和25起安全事件，位居第2位和第3位（见图14-5）。

在2016年发生的工控安全事件中，对入侵工控系统所使用的关键技术进行统计发现，网络钓鱼仍然是经常使用的攻击方法，因为它相对易于执行且更加有效；通过弱身份验证技术所发生的入侵仍处于比较高的比例；网络扫描和SQL注入的尝试也保持较高的比例。作为资产所有者应确保他们的网络防御措施能够解决这些流行的入侵技术。

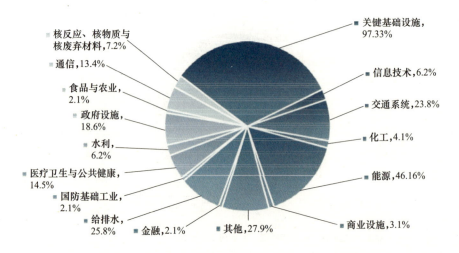

图 14-5 美国 ICS-CERT 2016 年统计的信息安全事件所属行业

资料来源：美国 ICS-CERT，国家工业信息安全发展研究中心分析整理。

以采矿行业为例，针对采矿行业的网络攻击活动主要是为了确保利益集团获得最新的技术知识和情报，使他们能够保持竞争优势，并在全球大宗商品交易市场中蓬勃发展。对金属和矿产的定价数据，知识产权（IP）如生产方法、选矿方法、化工方式、定制软件等，治理方法、决策、企业高管政策制定过程、矿石储量和生产数据及煤矿监控系统数据库等都是网络攻击的主要目标。从危害上看，这种攻击可用于实施精心策划的战略或报复打击别国关键经济体，如网络攻击或其他原因造成采矿作业链主要设施（电力、水、柴油机和空气压缩机）的中断或破坏，将会使采矿作业瘫痪。电力、水、柴油机和空气压缩机是采矿作业链中的 4 种重要设施，而传统数据的窃取，如个人身份信息、财务数据和密码凭据等，也成为矿业公司面临的威胁。

3. 当工业信息安全成为国家"要务"

从战略布局入手似乎是很有远见的。美国很早就已从战略方面布局工业信息安全发展，先后发布了《联邦信息安全管理法》、国土安全总统令《关键基础设施的识别、优先级和保护》《国家基础设施保护计划》《有效保护工业控制系统的七个措施》等政策法规。2016 年 2 月，白宫发布《网络空间安全国家行动计划》，其中，针对关键基础设施的网络安全提出要继续加强各方的紧密合作，保障关键基础设施的正常运行，进而保证国家及经济运行安全。2017 年 4 月，美国国防部计划投资 7700 万美元建立新的网络安全计划，专门打击针对电网设施的黑客攻击。2016 年 7 月，欧盟立法机构正式通过首部网络安全法——《网络和信息系统安全指令》，要求应对电力供应、空中交通管制等关键基础设施的网络攻击，并列出一些关键领域企业，如能源、交通和银行，所涉及公司必须确保其能够抵抗网络攻击。2016年4月，澳大利亚政府公布新的网络安全战略计划，列出网络安全方面的投资清单，其中，计划投资2.3亿澳元用于国家重要基础设施的攻击防护。

不仅欧美等发达国家重视工业信息安全，"一带一路"沿线国家也逐步认识到工业信息安全的重要性。

以色列。2015年12月21日，以色列国家网络局和首席科学家办公室宣布，自2016年起，实施升级版的"前进2.0"网络安全产业计划，通过投资1亿新谢克尔以全力打造网络安全产业强国。这一升级版的"前进2.0"涵盖3个资助重点。一是突破性和颠覆性技术研发：主要针对从事突破性和颠覆性技术研发的企业。自计划实施起，以色列首席科学家办公室每年选拔2~4个申请企业给予长达4年的大额资助，以助其顺利推进技术研发。二是优秀网络安全企业产品创新和概念验证：主要解决产品和技术市场化道路末端的障碍，如法规适应、用户体验、本土制造集成、产品推广应用等，从而打造出真正市场化的产品与技术。这一资助主要面向亟须产品创新和概念市场验证的企业，首席科学家办公室将通过为期1年的资助帮助其实现目标。三是促进产业合作：主要鼓励多家拥有技术优势的企业联合，共同研发针对网络安全特定问题的解决方案，以及打造产业集群共同实现商业目标。

俄罗斯。普京于2016年12月签署了一项大范围的网络安全计划——新版《信息安全条例》，该条例是对2000年确定的《信息安全条例》的更新，旨在加强俄罗斯防御国外网络攻击的能力。而此前，美国指责俄罗斯使用网络攻击干预美国总统大选，使对国家支持的黑客攻击的关注度持续上升。新版《信息安全条例》详细介绍了俄罗斯政府对外国黑客攻击等一系列威胁的担忧。虽然该计划较少涉及具体步骤，但是确定了新政策的总体目标，包括扩大对外宣力度及加强对俄罗斯工业互联网的管控。《信息安全条例》强调，外国正在增强信息通信技术领域的潜力，其中包括打击俄罗斯联邦关键信息基础设施（电网、交通控制系统等）等。此前，在2013年6月，俄罗斯政府决议通过了《工控系统安全文件要求》，并于2014年1月1日正式生效。

乌克兰。乌克兰总统波罗申科于2016年4月批准通过乌克兰新版《网络安全战略》。鉴于最近几个月针对乌克兰关键IT设施和社会基础设施的网络攻击数量显著上升，发布新版《网络安全战略》十分必要。新版《网络安全战略》在符合欧盟和北约标准的前提下，旨在减少针对乌克兰能源设备的黑客攻击，为乌克兰网络安全设计新的标准，同时加速网络安全研发活动；还扩大了乌克兰参与的国际网络安全合作，由乌克兰国家安全和国防委员会负责。

新加坡。2016年10月10日，新加坡政府正式宣布了该国的网络安全策略报告。网络安全是新加坡数字经济社会发展的关键，该策略提出了新加坡网络安全的愿景、目标和要点，主要包括以下4个方面。一是建立强健的基础设施网络：新加坡政府将与运营商和网络安全团体等相关部门加强合作，共同保护新加坡关键设施网络；新加坡政府将在所有关键单位建立一个统一协调的网络风险管理和应急响应流程；同时，采用基于供应链的安全建设也是报告提到的重点。二是创造更加安全的网络空间：策略阐述了新加坡政府部门应对网络犯罪和推动新加坡成为可信数据中心的相关措施；指出社会各方应加强促进交流并提供好的实践方法，共同为网络安全尽力。三是发展具有活力的网络安全生态系统：新加坡政府将与社会企业和高校合作，培养网络安全人才，并在社会层面加强网络安全就业和相关的技能培训。四是加强国际合作：新加坡将与其他国家加强网络安全方面的合作，特别是深化与东盟国家在该领域的合作；在网络安全全球治理方面，新加坡将积极开展网络规范、政策和立法工作。

话语权的角逐更是必不可少的。美国在工业信息安全标准方面开展了大量工作，制定了一系列国家法规标准或行业化标准或指南。其中，电力、石油石化行业制定的标准所占比例较高，而标准制定机构则以美国国家标准与技术研究院（NIST）影响范围最为广泛。不仅如此，以德国为代表的欧洲国家，已经开始基于ISO 27000系列的ISO 27009进行工业信息安全标准的建设；日本则基于IEC 62443要求，结合阿基里斯认证要求，开展标准化相关工作。

技术与能力是"笑傲群雄"的关键。美、日、欧等组建了多个国家级研究机构，通过实施测试靶场、测试床等多项重大工程，提升风险发现、分析、防范等工业信息安全保障能力。美国成立工控系统网络应急响应小组（ICS-CERT），主要负责完备国家的工控安全保障工作机制，有力地提升了美国工控安全保障水平。日本自2013年起规定所有工控产品必须通过国家标准认证才能在其国内使用，并且已经在一些重点行业（如能源和化工行业）开始了工控安全检查和建设；2017年，日本新机构工业网络安全促进机构（ICPA）正式投入运营。澳大利亚在新的网络安全战略计划中提出将成立网络威胁中心、网络安全增长中心、重要城市基础建设情报分享中心。

在"一带一路"沿线国家中,以色列凭借其在信息安全技术方面的优势,走在了前列。以色列已成立国家级工控产品安全检测中心,用于工控安全产品入网前的安全检测,并将建立一个能够模拟基础设施网络攻击并做出回应的网络实验室,该实验室将作为工业运行技术的测试模拟环境,用来测试各种保护系统的有效性。

此外,各国通过多手段加快提升工业信息安全攻防能力。①多方合作建立工业信息安全通报与共享机制。美、日等国家通过制定法律政策、健全组织机构、完善运行机制,推动工控安全风险漏洞、安全事件、解决方案的通报和共享。2016 年 10 月 28 日,卡巴斯基实验室 ISC-CERT 宣布未来将共享工业系统的安全防护和网络威胁情报,并将与合作伙伴进行信息交换,以期对安全事件做出快速响应,令决策效率更高。②各国开展工业信息安全应急演练。2016 年 6 月 20 日,针对乌克兰电网的网络攻击凸显了电网面临的风险,美国举行了一场大规模的网络攻击演习,模拟国家电网等美国关键基础设施遭受他国网络攻击,从而寻求解决方案。此次演习代号为"网络守卫 16",是美国近年来规模最大的年度演习。③建立工业信息安全攻击"武器库",形成国家安全新"威慑"。2017 年 3 月 7 日,维基解密以"穹顶 7"(Vault 7)为代号(见图 14-6),公开了大量美国监听全球的网络攻击工具,主要攻击对象包括 Windows、OS/X、Linux 等操作系统,以及网络平台、智能手机、车载系统、智能设备等。攻击工具数量之多、攻击对象涉及的工业相关领域之广等充分表明美国正在建立网络攻击"武器库",并将工业信息安全的攻击工具作为新的"威慑"手段。

图 14-6　维基解密"穹顶 7"(Vault 7)

对我国而言，近年来，随着信息化和工业化的深度融合，关键基础设施数字化、网络化、智能化发展，工业信息安全风险持续加大，据国家工业信息安全发展研究中心监测，我国已经有大量的工控系统暴露在互联网上，涉及制造、钢铁、有色化工、能源、交通、市政等多个领域。未来，在"互联网+"、物联网、智能制造、智慧城市、车联网等各种创新应用不断发展的情况下，我国工业信息安全面临的风险将进一步加大。

正是出于对全球态势的深刻理解，安全已经上升至我国总体宏观战略层面，更与人类命运共同体紧密关联。作为网络安全的核心领域，工业信息安全体量虽小但作用关键，具有重要性、综合性、系统性和战略性，成为"总体国家安全"的重要组成。因此，为了确保工业体系稳定运行，提升信息安全防护能力，我国从国家层面就高度重视网络安全，纷纷出台了系列政策法规。例如，《中华人民共和国网络安全法》明确加强对个人信息保护，打击网络诈骗；《国家网络空间安全战略》提出了坚定捍卫网络空间主权、坚决维护国家安全、保护关键信息基础设施、加强网络文化建设、打击网络恐怖和违法犯罪、完善网络治理体系、夯实网络安全基础、提升网络空间防护能力、强化网络空间国际合作9个方面的重点任务；《信息通信网络与信息安全规划（2016—2020）》对"十三五"期间行业网络与信息安全工作进行统一谋划、设计和部署；《关于加强国家网络安全标准化工作的若干意见》对安全领域的标准化工作进行部署；《关于加强网络安全学科建设和人才培养的意见》则提出要认识到安全人才培养的紧迫性，增强人才培养的责任感和使命感，将网络安全人才培养提上重要议事议程。

第二节

共携手，谋发展

作为实现人类命运共同体的新路径，"一带一路"建设已经成为我国开展经济建设和全方位外交布局的重要组成部分。而随着"一带一路"建设的深入推进,我国重大装备、智能工业产品"走出去"成效显著,同时也成为网络攻击的新目标,面临着巨大的安全隐患。同时,"一带一路"沿线国家工业化程度较低,在工业发展的同时,将产生巨大安全需求,为我国工业信息安全企业、产品、技术、标准"走出去"带来重大机遇。

1. 国际产能合作的"危险系数"

高铁是我国高端制造业"走出去"的重要标签,在"一带一路"沿线国家中就签订实施了俄罗斯的莫斯科—喀山高铁、印尼的雅万高铁、中国—泰国高铁、中国—马来西亚"超级铁路"等诸多项目,高铁相对于传统铁路项目,科技含量更高,控制要求更精确,这就大大增加了工业信息安全隐患。"7·23"动车事故就是因为通信信号系统出现故障,造成巨大的损失。如果类似事故发生于我国在泰国或者马来西亚建设的高铁项目上,后果不堪设想。

核电也是我国工业"走出去"的重要领域,与巴基斯坦、土耳其、罗马尼亚等"一带一路"沿线国家都有核电领域的合作。目前,前有"震网"之鉴,核电站已经成为工业信息安全攻击的重要目标。

同时,在"一带一路"倡议指引下,沿线国家(地区)对我国电子信息制造企业、产品依赖度越来越高,用户黏性越来越好,品牌影响力越来越大。2016年,家电行业在新兴市场规模如下:对中东地区出口额为291.2亿元,增长5.3%;对东盟出口额为186.6亿元,增长16%;对印度出口额为69.1亿元,增长18.5%。据 Counterpoint Research 发布的报告显示,印度2016年第四季度智能手机市场前5名中,有4个品牌来自中国,分别为 Vivo、小米、联想、OPPO,其中,2016年11月中国智能手机品牌在印度的市场占有率达到46%(见图14-7)。如果针对我国智能电子信息产品的安全攻击事件大规模发生,将对我国智能产品在"一带一路"沿线国家和地区的品牌影响力大打折扣。

不妨设想一下,如若我国在"一带一路"沿线国家输出的关键基础设施、智能工业产品出现信息安全问题,造成的影响不仅仅是经济社会的直接损失,包括双边关系、国际形象都会受到影响,甚至会影响到"一带一路"倡议的整体推进,对国家开放格局的建设将是沉重打击。

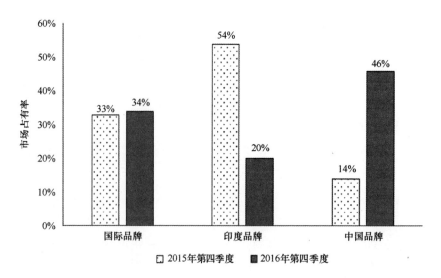

图 14-7　2015—2016 年第四季度印度手机市场占有率品牌来源对比

资料来源：Counterpoint Research。

2. 有市场 + 空间大 = 有前景

　　一头热，算不得真买卖。随着"一带一路"建设的推进，基建和装备制造国际合作如火如荼，"一带一路"沿线国家是不是真的有空间、有意愿接受我们的工业信息安全企业落地发展呢？这就要从他们的工业化进程来分析。

　　"一带一路"沿线绝大部分国家工业化进程较低，拥有巨大工业信息安全市场空间。据统计，"一带一路"沿线仅 9 个国家工业产值破千亿美元，工业产值占 GDP 比重超过 40%，即达到半工业化的国家仅 6 个，绝大部分国家处于工业化初期，半数国家工业产值不足百亿美元，拥有巨大的工业发展空间。

　　当前，全球工业化与信息化融合发展已经成为主流，工控系统步入互联化、开放化、智能化时代。"一带一路"沿线国家和地区工业化历程，必不可少地要加入信息化要素，例如，印度在"印度制造"战略中就提出了"数字印度"的概念；哈萨克斯坦在工业创新政策中提出在城市中建立能够让工业企业互联的网络系统。工业信息系统、产品的发展，将为工业信息安全带来巨大的市场空间，根据市场调查公司 Research and Markets 数据，2014—2019 年，亚太地区工业信息安全市场的年复合增长率将达到 15.5%；调查公司 Micro Market Monitor 的数据显示，亚太地区工业信息安全市场占全球市场份额的 17.21%，到 2019 年这一比例将增长至 21.16%；而 ApacMarket.com 发布的《2014—

2020 年亚太地区移动安全研究报告》显示，预计到 2020 年，亚太地区移动安全市场将累计超过 75 亿美元，2015—2020 年的年复合增长率将高达 42.9%。因此，"一带一路"沿线国家和地区对工业信息安全产品的巨大需求空间，将成为我国相关产品、技术、标准"走出去"的重大机遇。

3. 你好，我好，大家好

在工业信息安全领域开展国际合作已经引起世界各国的高度重视，2015 年 8 月，联合国信息安全问题政府专家组召开会议，并向联合国秘书长提交报告，各国首次统一约束自己在网络空间中的活动，包括不能利用网络攻击他国核电站、银行、交通、供水系统等重要基础设施，以及不能在 IT 产品中植入"后门程序"等。2017 年 10 月，来自 14 个创始网络安全生态系统中多数区域的代表在 CyberSec 欧洲网络安全论坛上签署意向书，计划建立新的全球性安全协作组织。这一创新与网络安全生态系统平台（简称全球 Epic）将着眼于共同建立全球生态系统，并同时采用各类解决方案以应对网络安全挑战的巨大影响。

专栏　全球 Epic 的十大核心活动领域

1. 网络

各生态系统将提供资源与流程，包括各专家顾问间的交流通道、运营工具及设施共享，以及知识与专业技能流通。

2. 项目

启动面向特定领域实际挑战的社区解决方案，包括物联网、医疗卫生系统及金融系统等。

3. 人才

制订发展计划，提高个人技能与知识水平。

4. 交换

在不同生态系统实体之间建立配对关系，例如，在某一生态系统与其他生态系统的特定导师间建立交流通道。

5. 评估

促进结构化讨论以确定如何针对网络攻击评估各类系统的弹性水平。

6. 内容

启动生态系统间的内容共享桥梁。这些内容包括数据集、本地社交网络及期刊文章。

7. 新兴

启动横向扫描、新兴问题预测、趋势预测及新兴领域理论调查。

8. 宣传

利用其全球影响力与地位，倡导并提升对根源、政策及建议的认知能力。

9. 投入

致力于成为全球创新框架计划的研发引擎，并在确定预算分配与优先级排序方面发挥关键作用。

10. 标准

以角色同步方式行动，从而实现对网络安全理解的标准化调整。

目前的14个创始网络安全生态系统分别为 Cyberspark（以色列）、安全信息技术中心（英国）、The Hague Security Delta（荷兰）、全球网络安全资源——卡尔顿大学（加拿大）、新不伦瑞克大学（加拿大）、CyberTech Network（美国）、科西斯科学院（波兰）、托里诺政治理事会（意大利）、La Fundacion Incyde（西班牙）、Cyber Wales（英国）、betech@UMBC（美国）、Procomer（哥斯达黎加）、Innovation Boulevard Surrey、BC（加拿大）、CSA（新加坡）。

目前，我国政府、社会组织、企业与"一带一路"沿线国家在网络安全等方面签订了一些备忘录。例如，中国和俄罗斯签署备忘录，规定两国相互不发动网络攻击，并共同反对可能"破坏国内政治和经济社会稳定""扰乱公共秩序"或"干涉他国内政"的技术；CNCERT 与柬埔寨 GD-ICT 签订网络安全合作备忘录；卡巴斯基实验室和中国网安签订战略合作协议；中国科技巨头华为与马来西亚签订合作备忘录，支持该国实现跨国网络安全，创造"更安全、更稳定的网络空间"等。但是，在工业信息安全领域尚未开展实质性合作，随着"一带一路"倡议的不断推进，未来在以下几个方面有突破的空间。

关键信息基础设施安全防护合作

设施联通是"一带一路"倡议的重要方向，习近平主席在 2017 年 5 月召开的"一带一路"国际合作高峰论坛开幕式上表示，"目前，以中巴、中蒙俄、新亚欧大陆桥等经济走廊为引领，以陆海空通道和信息高速路为骨架，以铁路、港口、管网等重大工程为依托，一个复合型的基础设施网络正在形成。"2016年，中国企业在"一带一路"沿线的 61 个国家新签对外承包工程项目合同 1862 份，新签合同额 318.5 亿美元，涉及电力工程、房屋建筑、交通运输、石油化工、通信设备等多领域。亚投行在基础设施方面的项目投资近 30 个，大多支持落后地区的电力、水利、交通、通信等关键基础设施建设（见表 14-1）。

表 14-1 亚投行目前在投项目中涉及工业信息安全风险的项目

国　家	项目名称
阿曼	宽带基础设施项目
印度	班加罗尔地铁项目一线 R6
塔吉克斯坦	努列克水电改造项目
印度尼西亚	大坝运行改进和安全项目二期
阿曼	铁路系统准备项目
巴基斯坦	国家高速公路 M-4 项目
印度	孟买地铁 4 号线工程
菲律宾	马尼拉防洪工程
印度	输电系统加固工程
埃及	第二轮太阳能光伏上网电价计划
孟加拉国	天然气基础设施和效率改善项目
阿塞拜疆	跨安纳托利亚天然气管道项目（TANAP）
缅甸	敏建电厂项目

续表

国　家	项目名称
阿曼	特港商业终端和操作区开发项目
孟加拉国	配电系统升级扩建工程
巴基斯坦	Tarbela 5 水电站扩建工程
斯里兰卡	气候复原改善计划——第二阶段
格鲁吉亚	280 兆瓦的南斯克拉水电站

每个国家的关键基础设施，从石油管道到电网，从民航到水运网，从交通到金融/银行系统，都逐步引入网络管理和监控系统，在提高了基础设施性能水平的同时，由于其对于信息和通信的依赖性且允许网络访问，引发了网络攻击的风险。近 10 年，关键信息基础设施遭受攻击事件层出不穷，特别进入 2015 年，更是愈演愈烈，美国、德国、俄罗斯等国家均遭受影响，攻击导致大面积网络异常。2015 年，乌克兰电力部门遭受了恶意代码攻击，攻击者入侵了监控管理系统，在乌克兰部分地区造成数小时的停电事故；波兰航空公司的地面操作系统遭黑客攻击，致使出现长达 5 小时的系统瘫痪，至少 10 个班次的航班被迫取消，超过 1400 名旅客滞留在华沙弗雷德里克·肖邦机场；2016 年 10 月，亚马逊、推特、Netflix、Soundcloud、Airbnb 等网站访问异常，10 万多台物联网设备（如打印机、路由器、摄像机、智能电视）IP 开始攻击在美国运营的托管域名系统基础设施公司 Dyn；2016 年 11 月，德国电信遭受攻击，导致大面积网络中断，导致 2000 万固定用户、约 90 万台路由器发生故障（约 4.5%）；2016 年 12 月，俄罗斯央行遭受黑客攻击，导致 20 亿卢布损失。凡此种种，都说明针对关键信息基础设施的防护刻不容缓。

√智能化工厂的工控系统安全防护合作

截至 2016 年年底，我国企业已在"一带一路"沿线 20 个国家建立了 56 个经贸合作产业园区，累计投资 185.5 亿美元，入驻企业 1082 家，为东道国创造超过 10 亿美元的税收，提供超过 17 万个就业岗位。其中，众多智能化生产基地面临着工控信息安全风险，如海尔在俄罗斯建设的冰箱工厂，华为、中兴入驻的中白工业园等。

√工业信息安全认证、评估等服务领域合作

目前，欧盟、日本等国家和地区在工控系统信息安全标准方面开展了大量工作，制定了一系列国家法规标准或行业化标准或指南，推动认证、评估等服务快速发展。以德国为代表的欧洲国家，已经开始基于 ISO 27000 系列的 ISO 27009 进行工控安全的建设；日本基于 IEC 62443 要求结合阿基里斯认证要求，规定从 2013 年起所有工控产品必须通过国家标准认证才能在其国内使用，并且已经在一些重点行业（如能源和化工行业）开始了工控安全检查和建设；以色列已成立国家级工控产品安全检测中心，用于工控安全产品入网前的安全检测。可以预见，随着"一带一路"沿线国家工业信息安全逐步发展，工业信息安全领域的监测、预警、认证、评估等服务合作将成为重点。

本章小结

安全是一家之言、一国之事？在全球化的今天，这样的想法未免过于狭隘。党的十九大报告指出，要坚持以对话解决争端、以协商化解分歧，统筹应对传统和非传统安全威胁。习近平主席在 2018 年全国网络安全和信息化工作会议上更是强调，要以"一带一路"建设等为契机，加强同沿线国家特别是发展中国家在网络基础设施建设、数字经济、网络安全等方面的合作。开展工业信息安全领域务实的国际合作，这将是网络空间治理中求同存异、共同发展的最好注脚。

第十五章　穿云破雾

在当前安全问题无国界、泛全球化的趋势下，网络信息资源不对称的相互依赖导致国际行为体对安全环境存在不同程度的敏感性和脆弱性。受经济利益的驱使，国家利益的考量会存在短视行为，在利益分配问题上必定会产生冲突，并设置人为壁垒保证短期的自我安全优势。面对此种形势，我们只有强化自身修为，方能"不畏浮云遮望眼"。

第一节
挥之不去的"梦魇"

万物互联时代，工业信息安全产业价值被全面激发，全球各国信息安全投入持续增长，政企联动、军民融合发展态势明显，工业信息安全从细分边缘一举跃升为战略卡位性行业，技术、产品与服务不仅关乎企业自身的发展，影响着整个行业乃至国民经济平稳发展，更和标准规范共同决定着一个国家网络空间安全的未来。然而，国际布局的加速、行业先机的闪现、自主能力的欠缺、合作壁垒的存在都成为我国提升自身防护能力、推进安全领域国际合作的障碍。

1. 人为设下的"天花板"

美国政府立足国家安全战略高度，凭借在信息技术与产业上的主导优势，针对网络信息关键技术和核心产业发展进行管理干预。美国主要做法如下。①指定专门的专业技术公司和承包商为美国政府及其相关机构服务。这些公司不对外服务，只为美国政府提供服务，从而确保了美国核心安全技术的安全性和高效的情报能力。这些公司包括进行大数据分析的 Palantir、信息技术咨询公司 Boozallenhamilton（斯诺登曾效力的公司）、信号分析处理厂商 Argon ST 及面向 C^4I 系统的网络安全服务厂商 GnostechInc 等。美国中央情报局甚至专门成立了一家名为 In-Q-Tel 的风险投资公司。该公司主要投资于高科技公司，不以营利为目的，目的是确保美国中央情报局能够随时配备最新的信息技术，以支持联合国和美国的情报战能力。②限制和阻挠国外企业并购具有核心和敏感安全技术的美国企业。2010 年 5 月，华为提出收购美国三叶系统公司（3Leaf）云计算领域的知识产权资产；2010 年 11 月，华为提交了审查申请，但此后五角大楼和美国外国投资委员会（CFIUS），甚至美国总统都参与其中进行定夺；最终 CFIUS 在对此项收购进行审查之后，于 2011 年 2 月 11 日建议华为撤回 3Leaf 的收购计划，华为一周之后被迫宣布终止收购计划。如果说对于中国企业，美国出于意识形态和体制的差异而保持警惕可以理解，那么阻止同一阵营的以色列公司 CheckPoint 收购美国著名开源安全厂商 Sourcefire 的举动就更足以说明美国对自身信息安全的重视程度。③限制一些核心的安全技术厂商对外进行技术转移。例如，美国政府要求 FireEye 不能向中国出售其技术，作为利益补偿，美国政府要求五角大楼等政府机构及相关的国防合同商、大型 IT 厂商部署 FireEye 的 APT 防护工具。这一举措一方面限制了网络安全核心技术的流失，另一方面也加强了美国诸多实体的安全防御能力。④积极支持美国的信息安全企业对外进行并购，消灭可能的竞争对手。这方面的著名案例是 1998 年 McAfee 对欧洲知名反病毒厂商 Dr. Solomon 的收购。20 世纪 90 年代，反病毒的最新技术并不掌握在美国人手中，而是掌握在 Dr. Solomon 和卡巴斯基等欧洲厂商手中。McAfee 凭借美国良好的资本市场和投融资环境迅速发展壮大，并最终成功收购 Dr. Solomon，获得了其完整的反病毒能力。

不仅如此，为了凸显产业集聚的效应，做大、做强工业信息安全产业，形成国际竞争优势，美国还通过建立信息安全产业基地、鼓励安全产业并购等方式，大力打造信息安全产业集群，培育出一大批具有一定规模和世界影响力的信息安全厂商。这种做法将信息安全厂商、信息安全技术研究机构和院校、信息安全服务提供商、科研和管理人员汇集在一起，给予政策优惠、资金援助、法规保障，营造良好的科研工作和生活环境，实现产学研一体化发展。而最为显著的结果，就是诞生了硅谷。硅谷不仅是美国最大的信息产业基地，更是世界最大的信息安全产业基地，培育出一大批诸如思科、Symantec、McAfee、Trend Micro、Netscreen、Fortinet、Palo alto Network 和 FireEye 等世界知名的信息安全厂商，同时新的创新公司不断涌现，仅 2013 年就有超过 80 家网络安全创业公司在硅谷诞生。除了产业基地，美国政府还鼓励信息安全厂商通过收购或者战略合作，进行优势互补，做大产业规模。例如，英特尔斥资 76.8 亿美元收购美国第二大安全软件厂商 McAfee，戴尔 12 亿美元并购 SonicWall，思科 27 亿美元并购 Sourcefire；2014 年，网络安全公司"火眼"（FireEye）斥资 10 亿美元收购了 Mandiant 公司，实现强强联合；脸谱公司表示将收购 PrivateCore 安全公司等。

正是这种煞费苦心的投入和推动，形成了如今美国的工业信息安全市场格局，并对全球工业信息安全发展有着深远的影响。尽管美国信息安全企业技术领域繁多、投资关系复杂，但这种市场格局下的边界却非常清晰，而正是这种"顶层设计、自由生长、建立规则、强化优势"模式，充斥着"企业自由"意味，持续遵循内部自由竞争、对外强力输出，使美国在全球工业信息安全领域占据了主要话语权，并在大国博弈中不落下风。

首先是基础寡头和独立安全厂商的边界。尽管传统寡头厂商不断兼并独立安全厂商以扩大体量，但我们看到的是其既未导致"独立安全厂商消亡"而构成对自由竞争的伤害；同时，也没有改变寡头厂商的原有轨迹——他们依然坚定扮演集成服务提供商或者网络服务提供商的固有角色。例如，Google 绝不会因为兼并 Virustotal（多引擎扫描服务提供者）和 Zynamics（安全分析工具软件制造商）而变成一个在安全市场上有所动作的厂商。无论规模大小，美国厂商通常都具有简单清晰的模式与价值观。

其次是开放市场和专有市场的边界。从某种意义上说，以全球市场为目标的美国独立安全产品厂商专注而窄带，使其不会向与国家机器的情报体系"过从甚密"的方向游移，从而伤害其面向全球用户的信任力。而专有市场的存在，既有助于形成美国独有的国家安全作业能力，避免信息外泄，同时，也保证这些厂商不必在全球市场收益和美国官方诉求间徘徊，可以坚定地如被 FireEye 收购之前的 Mandiant 一样，在中、美大国博弈间充当非官方的技术喉舌（即使这种并购发生后，FireEye 也在努力强调"M 部门"与 FireEye 本体之间的区别）。从这个意义上说，这个层次不仅是一个商业层次，也构成了大国话语权博弈的立体纵深。

最后则是政府、军方与承包商的角色与关系。围绕军方和情报机构承包商体系是美国重要的商业文明特色，其在具体的情报作业层面，弥补了国家机器本身的人力不足，遏制了大国倾向，而同时也形成了一个独有的信息层次屏障。尽管出现了斯诺登事件，但我们依然要看到，在充分利用信息的联通和共享、主动提升国家安全能力的思路下，承包商其实在很长时间扮演了一个信息和作业中间带的角色。同时也可以看到，这些承包商（包括部分专有市场厂商），往往由前军政界人士发起或者担任高管，也建立了一种约定俗成的合法利益输送层次（旋转门），形成了一种既同谋共赢又不伤害美国国家能力的特殊（而且是合法的）政商关系。

2."错失"的先机

欧美等发达国家在工业信息安全领域起步较早，已在国家层面出台了一系列宏观管控手段，指导行业深入贯彻实施，并充分利用其在安全技术上的主导地位，积极加强标准、指南与行业规范等文件的国际影响力，用以影响全球工业信息安全防护体系架构，抢占行业发展先机。

欧美发达国家大力向"一带一路"沿线国家推广其国内权威机构制定的工业信息安全标准，目前已被广泛采用，如美国国家标准与技术研究院（NIST）、欧洲计算机制造联合会（ECMA）、欧洲电信标准协会（ETSI）、英国国家标准机构（BSI）及德国标准化委员会（DIN）等。其中，NIST作为研究安全领域标准的核心机构，定义了450多个常用标准和建议措施，涉及策略规划、风险管理、安全技术等方面，覆盖云安全、工业互联网安全等领域（见表15-1）。由于NIST是在美国国会授权下，代表政府参加标准化活动的机构，其制定的标准和规范在政府和企业间得到广泛推广和应用。NIST发布的NIST SP800-82已成为当前最重要的工业信息安全国际标准之一，也是"一带一路"沿线国家和地区采用最多、影响最广、推进力度最大的工业信息安全标准。此外，国际电工委员会、国际自动化协会、电气与电子工程师协会等国际标准化组织发布的标准也对"一带一路"沿线国家有着深远影响（见表15-2），如由IEC与ISA联合发布的IEC 62443标准在"一带一路"沿线国家中也具有较高的采用度。

表 15-1　各国发布的具有国际影响力的重要工控信息安全相关标准、指南及法规

组织名称	文件名称	适用行业	发布年度
美国国家标准技术研究院（NIST）	工业控制系统安全指南（NIST SP800-82）	通用	2010 年
	联邦信息系统和组织建议的安全控制（NIST SP800-53）	通用	2007 年
	系统保护轮廓——工业控制系统（NIST IR7176）	通用	2004 年
	中等健壮环境下的 SCADA 系统现场设备保护轮廓（NIST/PCSRF）	石油和天然气	2006 年
	智能电网安全指南（NIST IR7628）	电力	2010 年
	改善关键基础设施网络安全框架	通用	2014 年
美国国土安全部（DHS）	控制系统安全一览表：标准推荐	通用	2009 年
	加强 SCADA 系统及工业控制系统的安全	石油和天然气	2005 年
美国国土安全部（DHS）& 英国国家基础设施保护中心（CPNI）	工业控制系统安全评估指南	通用	2010 年
	工业控制系统远程访问配置管理指南	通用	2010 年
北美电力可靠性委员会（NERC）	北美大电力系统可靠性规范（NERC CIP 002-009）	电力	2011 年
美国天然气协会（AGA）	SCADA 通信加密保护规范（AGA Report No.12）	石油和天然气	2006 年
美国石油协会（API）	管道 SCADA 安全（API 1164）	石油和天然气	2009 年
美国能源部（DoE）	管道 SCADA 系统网络安全 21 步	石油和天然气	2002 年
美国核管理委员会	核设施网络安全措施（RG 5.71）	核电	2010 年
英国国家基础设施保护中心（CPNI）	过程控制和 SCADA 安全指南	石油和天然气	2010 年
	SCADA 和过程控制网络的防火墙部署	石油和天然气	2010 年
荷兰国际仪器用户协会（WIB）	过程控制域（PCD）——供应商安全需求	通用	2006 年
法国国际大型电力系统委员会（CIGRE）	电气设施信息安全管理	电力	
德国国际工业流程自动化用户协会（NAMUR）	工业自动化系统的信息技术安全：制造工业中采取的约束措施	制造业	2006 年
瑞典民防应急局（MSB）	工业控制系统安全加强指南	通用	2010 年
挪威石油工业协会（OLF）	过程控制、安全和支撑 ICT 系统的信息安全基线要求（OLF Guideline No.104）	通用	2009 年
	工程、采购及试用阶段中过程控制、安全和支撑 ICT 系统的信息安全的实施（OLF Guideline No.110）	通用	2009 年

资料来源：国家工业信息安全发展研究中心。

表 15-2　国际标准化组织发布的重要工控信息安全相关标准

组织名称	文件名称	适用行业	发布年度
国际电工委员会（IEC）	电力系统控制和相关通信：数据和通信安全（IEC 62210）	电力	2003 年
国际电工委员会（IEC）	电力系统管理及信息交换：数据和通信安全（IEC 62351）	电力	2005 年
国际电工委员会（IEC）& 国际自动化协会（ISA）	工业过程测量、控制和自动化网络与系统信息安全（IEC 62443）	通用	进行中，仅部分发布
电气和电子工程师协会（IEEE）	变电站 IED 网络安全功能标准（IEEE 1686—2007）	电力	2007 年
电气和电子工程师协会（IEEE）	变电站串行链路网络安全的加密协议试行标准（IEEE P1711）	电力	2011 年

资料来源：国家工业信息安全发展研究中心。

而我国在标准制定方面处于起步阶段，虽然已发布《工业控制系统信息安全防护指南》及系列工控安全标准，但目前绝大多数标准正处于草案或征求意见阶段（见表 15-3）。

表 15-3　我国工控系统信息安全标准体系工作开展情况

标准体系分类	标准状态	标准名称
安全等级	在研	《信息安全技术 工业控制系统信息安全分级规范》
安全要求	在研	《信息安全技术 工业控制系统安全管理基本要求》
安全要求	在研	《信息安全技术 工业控制系统终端安全要求》
安全要求	在研	《信息安全技术 工业控制系统漏洞检测技术要求》
安全要求	在研	《信息安全技术 工业控制系统网络监测安全技术要求和测试评价方法》
安全要求	在研	《信息安全技术 工业控制系统隔离与信息交换系统安全技术要求》
安全要求	在研	《信息安全技术 工业控制系统网络审计产品安全技术要求》
安全要求	在研	《信息安全技术 工业控制系统产品信息安全技术要求》
安全要求	待制定	《信息安全技术 工业控制系统安全技术基本要求》
安全要求	待制定	《信息安全技术 工业控制系统安全运行基本要求》
安全实施	已发布	《信息安全技术 工业控制系统安全控制应用指南》
安全实施	在研	《信息安全技术 工业控制系统风险评估实施指南》
安全测试	已发布	《工业控制系统信息安全 第 1 部分 评估规范》
安全测试	已发布	《工业控制系统信息安全 第 2 部分 验收规范》
安全测试	在研	《信息安全技术 工业控制系统安全检查指南》
安全测试	在研	《信息安全技术 工控系统信息安全防护要求与测评方法》
安全测试	待制定	《工业控制系统安全控制成熟度模型》

资料来源：国家工业信息安全发展研究中心。

3. 令人头痛的"沉疴"

对工业信息安全的意识不足成为首要面临的挑战。由于大部分工业系统在设计之初主要关注实时性和可用性，几乎没有考虑如何防御网络攻击，导致受攻击路径不断增多，病毒、木马等威胁持续扩散。从用户方面来看，虽然因工业信息安全事故造成的系统瘫痪或者人员伤亡的恶性事件所占比例明显提高，但仍有相当比例的行业用户认为工业信息安全本身带来的危害有限。因此，用户普遍存在侥幸心理（自身不会遭受病毒攻击）或者不重视防护的想法。

特殊环境使得防护难度大幅增加。工业信息安全与所有网络安全行业一样具有攻防特殊的竞合关系，杀毒软件公司同样也是网络病毒制造者。工业系统由于长期以来较为封闭，并没有受到攻击者的青睐，但随着工业系统朝着数字化、网络化和智能化的方向发展，越来越多的工业协议都在以太化，通用、开放、标准的工业以太网协议，越来越多的黑客可以通过多种方式发现工业系统和产品，进一步降低了黑客的攻击难度。另外，大量工业系统软硬件设备的安全漏洞及利用方式可通过黑客论坛、交流活动等公开或半公开的渠道获得，更加便利了攻击者，增加了防范难度。

保障体系的不完善导致管理难度增加。由于不同行业特性不同，其工业系统也存在较大差异，目前，缺乏对国家工业系统现有基础能力及信息的整体判断和态势分析。例如，各国缺乏对关键工业系统的设备清单、特性、管控情况、分布范围及工业企业安全风险的识别与分析等。另外，由于中国工业企业数量众多，体制及管理机制关系复杂，在对行业和产品的管理上，主管部门在制度设计和法规制定过程中，缺乏一个系统的、完善的法律体制和管理机制；对于一些混合所有制或私有制的企业自身的复杂管理机制，主管部门的安全管理政策无法进行完全统筹管理。

各类防护能力欠缺致使预警分析难以满足需求。从技术方面来看，全面感知能力、防控能力、应急恢复能力，以及风险预测和分析的能力不强。从管理方面来看，对行业运营单位的监管能力，对相关机构、企业、设备工业信息安全的评估能力，对工业信息安全相关人员意识教育普及能力，对工业系统网络安全的管理能力等尚未形成。从产业方面来看，自主可控能力不足大大增加了我国工业信息安全风险。据国家工业信息安全发展研究中心统计，约8成的可编程逻辑控制器（PLC）、约4成的分布式控制系统（DCS）、约6成的数据采集与监控系统（SCADA）和工业数据库均为国外品牌（见图15-1）。

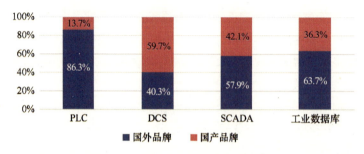

图15-1　国内外工控系统产品占比

资料来源：国家工业信息安全发展研究中心。

此外，工业领域安全意识薄弱，各地区、各部门对工业信息安全问题重视不够，在国际产能合作和重大装备"走出去"过程中，对工业信息安全技术与产品的重视程度不匹配，高科技装备缺乏与之相配套的安全防护产品与服务。工业信息安全政策体系有待完善，尚未出台推动工业信息安全产业发展的系列指导性文件，且对于工业互联网、工业大数据等新兴领域的安全管理也尚未提出有效的政策指引与规范。领域内企业"群龙无首"局面一直难以破解。当前，工业信息安全产品、技术、服务等占整个IT产业比重不足2%，远低于发达国家近10%的水平，而且我国工业信息安全企业中9成以上为中小企业，整体实力偏弱，难以形成国际竞争优势，单凭企业自身实力和市场拓展能力，"走出去"难度较大。

4. 谁动了我的"奶酪"

代码即武器，欧美等国家早已意识到这一点。2015年，美国工业与安全局（BIS）公布了一份把限制黑客技术放入全球武器贸易条约——"瓦森纳协定"（Wassenaar Arrangement，WA）的计划。计划表明了美国政府对黑客技术的态度，并在黑客技术与计算机安全的圈子里点燃了一场风暴。人们在激烈的内部争论中表现得异常亢奋，这是因为这一新规改变了入侵软件和网络协议（IP）、网络通信监视的定义，并可能使渗透测试工具、网络入侵、利用零日漏洞变成犯罪行为。从表面上看，"瓦森纳协定"进军入侵和监视技术领域是想通过危险武器出口条约来监管漏洞及零日漏洞销售，因为这些技术可能会为专制政权和罪犯所用。然而事实上，"瓦森纳协定"并不包括南亚地区（包括印度、中国和印度尼西亚）、南美的大部分地区（协定中唯一的国家是阿根廷）、非洲的大部分地区（协定中唯一的国家是南非），以及西亚（包括以色列，伊朗等）。值得一提的是,近年来漏洞市场发生的最大变化在于政府资金的涌入,特别是美国政府的资金涌入。根据华盛顿战略和国际研究中心的说法,在漏洞买卖排行榜上,美国荣登榜首,紧随其后的是以色列、英国、俄罗斯、印度和巴西;朝鲜也在这个市场中分了一杯羹,还有一些中东的情报机构。说到底,如果法案的目标是让那些可能被用于压迫的工具远离专制政权之手,很明显,"瓦森纳协定"以及它的 BIS 版本不论从哪个方面来看都与此目标相差甚远。这块可攻可守并且蕴含着巨大利益的"奶酪",怎能轻易让别人"染指"呢?因此,保持对安全类产品的高警惕性,设置较高的进入壁垒,成为较为通行的做法。

欧美等发达国家,为降低我国在世界经济社会的影响力,极力阻挠我国技术、产品的输出。例如,欧盟迟迟未承认我国市场经济地位;美国则频频以安全为由对中兴、华为等企业进行制裁、调查,美国国会下属的美中经济与安全评估委员会于 2017 年 3 月、5 月连续召开专题听证会,讨论我信息技术与产业发展对美国的影响,并酝酿向美国国会提出"防御"我信息技术与产业发展的议案。

对于"一带一路"沿线国家而言,俄罗斯、新加坡、以色列等国家自身信息安全实力较高,产业输出难度较大;中东欧部分国家,基本采用欧盟信息安全产品和服务,对我国技术、产品、标准的引进动力不足;东盟在《东盟 ICT 2020 战略》中提出要发展自己的信息安全标准和应急响应机制;印度在 IT 领域,特别在软件领域有较强实力,对国外 IT 技术、产品引进审查较严,尤其受"洞朗事件"影响,印度政府以"担忧数据泄露危害安全"为由,向各家中国手机制造商发出警告,要求限期整改,并开始大面积审查从中国进口的电子产品。

第二节

自主自强,守土有责

如前所述,随着网络空间威胁的广泛化和复杂化,安全防护理念也正在发生深刻的演变,实现国产信息化自主可控成为工业信息安全的根本保障。可以说,去"IOE"为自主可控打下良好的基础,尽管去"IOE"本意是降低信息化成本,但直接打破了国外巨头垄断,为发展自主可控留下良好的空间,并且积累了相应的技术，2013年"棱镜门"曝光了后门、漏洞等重大隐患，使我国认识到只有自主可控才能从根本上保证信息安全。

实际情况是，我国工业信息安全领域中的工控系统技术基本处于中低端水平，核心技术很少，基本受国外大型企业（如西门子、ABB等）控制。以在工控行业中应用的微处理器为例，主要包括MCU和MPU两种芯片。工控行业对MCU的需求量较大，低端的MCU产品主要应用于智能I/O板卡，高端的产品则主要应用于小型PLC和RTU产品。MCU成本敏感，开发周期长；相对来说，工控行业对MPU的需求量较小，中低端的MPU主要应用在装备控制器和嵌入式HMI产品中，高端的MPU则主要用于DCS和大型PLC产品中。同样，MPU成本较敏感，开发周期较长。目前来看，MCU芯片市场容量近300亿元，其中35亿元产品用于工控，我国工控用MCU芯片完全依赖进口。

正是由于我国工业信息安全高端市场被国外垄断，核心技术和元件均掌握在国外厂商手中，因此在关系国计民生的工业信息安全领域实现真正意义的自主可控，核心技术及软件系统的国产化替代应该是必经之路。我国产业界在三大技术和产品方向上攻坚克难，取得了一定成果。

1. 防火墙技术体系日臻完善

基于边界和区域防护的理念，我国已经形成成熟的工业防火墙技术体系。基于MIPS架构，通过对工业控制协议的深度解析，运用"白名单+智能学习"技术建立工控网络安全通信模型，阻断一切非法访问，仅允许可信的流量在网络上传输。为工控网络与外部网络互联、工控网络内部区域之间的连接提供安全保障。2013年，国内首款电力系统工业级防火墙投入使用。目前，以天融信等产品为代表的工业防火墙，已经广泛应用在电力、石油、石化、轨交、市政、烟草及先进制造等多领域。系统能够满足工控行业的规范要求，防范外部恶意攻击，杜绝内部安全隐患，对工业协议进行深度分析，理解和建构正常通信行为，并提供精准、实时的协议指令级控制。

2. 形成工控网络态势感知系统

工控网络态势感知系统是为政府、监管部门、能源等大中型企事业单位提供综合安全事件分析与宏观安全形势展现等服务的技术平台，可实现全球工控设备信息和开放常规服务的隐匿探测及全局采集，同时准确定位工控设备。其搜索内容全、范围广、效率高，可支撑监管单位完成安全监测、检查、整改的闭环工作，对于评估工控系统的安全性、推动国家关键基础设施的信息安全保障工作具有极为重要的意义。2016年9月，新疆工控系统网络安全态势感知平台上线。2017年，奇虎360推出国内工业互联网安全态势感知系统，建立协同联动机制，提升整个工业互联网的安全防护水平。

3. 建成工控安全演练平台

工业网络安全测试演练平台可以为各类用户提供一系列网络化联合应用，包括支撑国家关键基础设施安全防护体系建设、自主可控软硬件安全性测试、技术和服务安全性审查及下一代网络与大数据安全研究等应用。2017年，由国家工业信息安全发展研究中心主导的工业信息安全测试演练平台一期建设工作顺利完成。通过国家级工业网络安全测试演练平台的顶层设计与体系建设，可以完成网络空间工控网络体系规划论证、能力测试评估、产品研发试验、产品安全性测试、人才教育培养等任务。

本章小结

安全是发展的前提，发展是安全的保障。我国工业信息安全有着难以忽视的"内忧外患"，很多痛点积重难返。对身处网络时代的中国来说，构筑坚实的工业信息安全防线，是坚定不移地推进网络强国建设的关键路径。行之有效的措施就是加强应用基础研究，拓展实施国家重大科技项目，突出关键共性技术、前沿引领技术、现代工程技术、颠覆性技术创新。

第十六章　掷地有"声"

随着"一带一路"建设的持续深化，我国与"一带一路"沿线国家携手"共商、共建、共享"工业信息安全产业的大好时机已经出现，工业信息安全已经成为打造区域安全命运共同体的重要切入点。我国不仅要在自身实力上花功夫、下大力气，更要在开展工业信息安全国际合作上有所建树，提升我国在信息安全领域的国际话语权。

第一节
打铁，还须自身硬

开展良好国际合作的前提，是我国工业信息安全要有先进的技术、过硬的产品、优质的服务，甚至能够在标准领域有较大的国际影响力，只有这样，我们才能站在"一带一路"的"风口"，等"风"来。

抓住"双创"机遇，快速提升工业信息安全技术、产品、标准实力，做大做强。我们可以从以下几点着手：充分利用各类中小企业扶持资金、"双创"企业扶持政策、中小企业公共服务平台等资源条件，向工业信息安全产业技术、产品、标准建设倾斜；依托国家工业信息安全产业发展联盟，培育产业生态圈，搭建资源共享、优势互补的工业信息安全产业"双创"合作平台；建设网络安全产业园区，设立工业信息安全"双创"基地，加大基地建设支持力度；加强与国际标准组织的沟通，推动建立工业信息安全领域的国际标准。

以服务带动产业壮大，快速提升综合检测、评估、认证等能力。我国可以设立国家工控系统与产品安全质量监督检验中心、工业信息安全技术产品安全审查中心、重点实验室，对工业信息安全企业、产品、技术"走出去"提供检测认证服务，保障质量；提升工业信息安全战略研究、教育培训等服务能力；搭建工业信息安全领域知识产权公共服务平台，提供行业知识产权相关法律、咨询、信息、申请代理、商业化、司法鉴定、培训等服务，加速知识产权授权、确权、维权。

第二节

针对，有的放矢为正途

在 2017 年"一带一路"国际合作高峰论坛上，习近平主席指出，"中国将在未来 3 年向参与'一带一路'建设的发展中国家和国际组织提供 600 亿元人民币援助。""我们要坚持创新驱动发展，加强在数字经济、人工智能、纳米技术、量子计算机等前沿领域合作，推动大数据、云计算、智慧城市建设，连接成 21 世纪的数字丝绸之路。"这些高屋建瓴的话语，为我们践行工业信息安全开放合作之路提供了指导方向。

"援助式"输出是基本的合作方式。"一带一路"沿线国家经济实力相对较弱，除少数几个国家在工业信息安全领域有技术合作空间外，大部分国家都需要我国援助，才可能建立本国的工业信息安全防护体系。因此，建议将工业信息安全产品、技术纳入"一带一路"倡议援助产品范围，向沿线国家、地区输出；在重大工程、项目、工业产品"走出去"的同时，捆绑工业信息安全产品、企业，并提供相关服务；对赴"一带一路"沿线国家投资建厂、合作生产的工业信息安全企业给予资金、政策支持。

"延伸式"服务是提升合作质量的保障。目前，IT 产业服务化的趋势凸显，在输出产品、技术、标准的同时，要做好服务延伸和保障。对工业信息安全企业利用互联网、云计算等技术为"一带一路"沿线国家提供远程安全服务的模式予以鼓励支持；推动工业信息安全检测、认证、评估、知识产权保护等服务"走出去"；打造工业信息安全公共服务平台，全面汇聚国内工控系统安全服务能力和人才资源，面向"一带一路"沿线国家工业企业提供风险预警、检测认证、能力评估、安全防护、应急处置、技术咨询等一站式服务。

"合作式"发展是"一带一路"建设永恒的主题。充分利用现有双多边机制和平台基础，签订双边、多边工业信息安全领域备忘录、规划等合作文件，搭建新的合作平台；与"一带一路"沿线国家合作共建研究机构，实施"一带一路"工控安全测试靶场、测试床等工程，开展工业信息安全测试、验证、评估等共性技术研发共享，提升风险发现、分析、防范等工控安全保障能力；通过制定法律政策、健全组织机构、完善运行机制，推动工业信息安全风险漏洞、安全事件、解决方案的通报和共享；联合开展工业信息安全应急演练等，提升网络攻击应急响应能力；共同制定工业信息安全区域标准体系，提升国际话语权和影响力。

本章小结

从世界范围来看，工业信息安全尚未形成大区域、大合作的发展格局，这对我们而言是挑战，更是机遇。我们开展工业信息安全合作，最直接的目的是推进"一带一路"建设，为开展国际产能合作保驾护航。科学的路径就是分类合作、有的放矢，即以"援助、服务、合作"带动"一带一路"工业信息安全"大联合"。

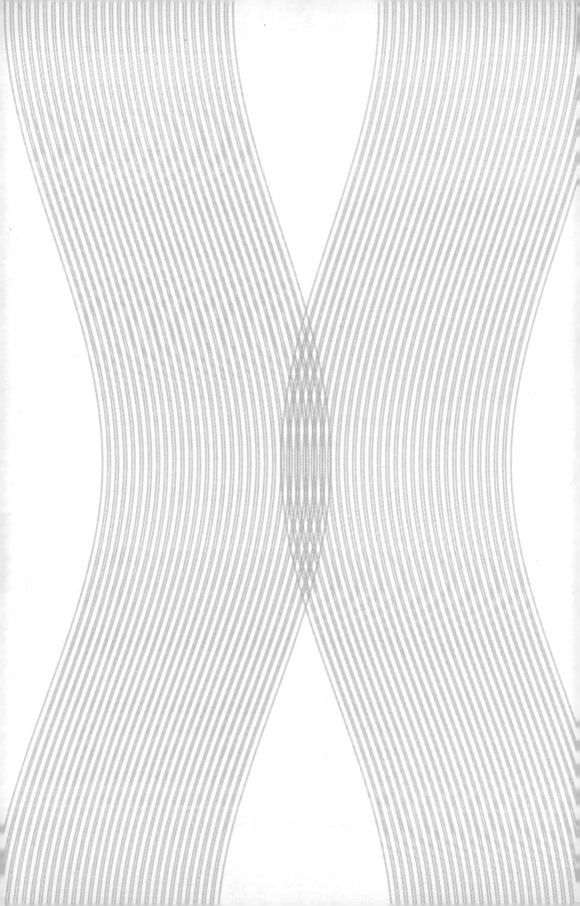

第六篇

义利相兼，以义为先
——文明之路的守卫者

> 夫和羹之美，在于合异，上下之益，在能相济，顺从乃安，此琴瑟一声也，荡而除之，则官省事简，二也。
>
> ——《三国志·魏书·夏侯玄传》

在互联网越来越重要的今天，利用信息技术与"互联网"平台，传统行业通过深度融合焕发了勃勃生机，创造了新的发展生态，形成了新的社会形态。而工业信息安全始终面临着这样的问题：如何面对"互联网"中被植入的外国资本的带路利益？如何面对网络威胁和风险对国家主权安全的侵害？如何正确处理防卫与威慑的关系？如何让互联网真正地、更好地兴业、富国、强民？我们认为，如果要找到答案，恐怕首先需要我们保持一颗利己与利人并重的赤子之心。

第十七章　从工业文明到信息文明

纵观世界文明史，人类先后经历了农业革命、工业革命、信息革命。每次产业技术革命，都给人类带来巨大而深刻的影响。人类社会正从工业文明转向信息文明。我们身处大时代的转弯处，这是数千年前所未有的大变局，是人类生活的根本性改变。正如习近平主席所说，"以互联网为代表的信息技术日新月异，引领社会生产新变革，创造了人类生活新空间，拓展了国家治理新领域，极大地提高了人类认识水平和认识世界、改造世界的能力。世界因互联网而更精彩，生活因互联网而更丰富。"

第一节

正在蜕变的文明进化

人类文明的进化是个时间上不断加速、空间上不断扩展的过程。如今，信息化与全球化相互依存、共同促进，使人类文明进化呈现出前所未有的新特征，人类成为全新的生命有机体。这种全新的改变，正是由互联网引发的。互联网改变了人类的认识与行为，尤其改变了认识与行为的相互塑造。也就是说，互联网在塑造行为，而行为反过来又影响人类的认知。对于当前这个世界，我们要重新想象。

1. 人类文明的进化是时间不断加速的过程

可以说，人类的文明史从本质上讲是技术的发展史。每次重大的技术发展，不仅解放了当时的劳动力，更会使人类社会发生重大改变。

蹉跎了几万年的狩猎文明，悠悠转过几千年的农耕文明，进入工业文明后人类社会的发展再一次倏然提速，不过几百年时间，地球已然焕然一新。如今进入信息文明初期，短短几十年光景，似乎蜕变的曙光已然逼近。

"库兹韦尔定律"表明，技术力量正以指数规模快速进化。未来一切都可能经历爆发式增长，很多事情都无法预测，如大数据，如黑天鹅。但是有一点似乎有迹可循，信息技术的性价比和容量变化的轨迹，呈现指数增长的趋势。或许，有一天，当机器能够自我完善，人类智慧在巨亿的算法前望尘莫及，也许人类命运将再次迎来莫测的转折。无论愿意与否，这个世界变化的速度将越来越快，这一点，毋庸置疑。

2. 人类文明的进化是空间不断拓展的过程

从计算机到互联网，到"云物大智移"，一切的一切，连接起来成为一体。万物以信息相连，我们需要以全新的眼光审视这个世界。

信息技术的广泛应用促进了固定电话、传真、移动电话、电子邮件、互联网等即时通信工具，以及微博等远程通信工具的普及，加剧了时空压缩的进程。信息流已成为社会运行的"神经系统"，正逐渐构筑覆盖于传统物质空间之上的新的空间形态，一个属于信息时代的数字空间已经浮现。

在这个全新的空间中，首要的变化是空间相互作用的方式。在信息文明时代，空间、距离及其相互作用被赋予新的内涵，信息流和接入信息的能力变得尤为重要，带宽已成为与交通可达性并重的空间要素。在信息技术的支撑下，空间相互作用完全可以脱离交通的影响而存在。另外，信息技术所构建的虚拟空间可以弥补实物型空间相互作用的不足，全面提升实物型空间的强度和广度。此外，信息活动的影响已经使得物理距离不再重要，而时间的重要性却在增加。第二大变化发生在空间结构构成要素上。信息时代的信息港、高技术区、信息高速公路、边缘城市、智慧城市、无线城市、智慧社区等概念的引入，令城市与乡村的空间结构实现重塑。第三大变化则反映在功能空间趋于复合上。信息技术或直接或间接地引起城市管理、休闲等传统功能的变革，其缔造的虚拟空间使得居民的日常生活空间得以极大扩展，现实中的服务实体都能在虚拟世界中找到相应的替代者，部分城市功能出现虚化。网络的便捷使得现实生活中的实际位移发生改变，各种具有单一功能的场所叠加了多种功能，传统的功能分区的界限变得模糊，并趋于复合化。

3. 人类文明的进化是双手得到解放的过程

人类文明的进化，最为瞩目的是生产力的进步。生产力的进步主要体现在减轻人的体力和脑力劳动，从而把人力用在最重要的地方。纵观历史，每次生产力的进步，都表现为人类直接参与生产程度的降低（见表17-1）。真正进入信息文明时代的最显著的表现就是人类不再直接参与生产过程，全部生产活动由智能机器自主完成。

表 17-1 不同时期人力及机器作用的变化

时　　期	人力作用	畜力作用	机器作用
农业社会	主导生产，维护基础设施	辅助生产	
工业社会	主导生产，维护基础设施	—	辅助生产
信息社会	主导生产，维护基础设施	—	主导部分生产环节，辅助大部分生产环节
	辅助生产，维护基础设施	—	主导大部分生产环节
	维护基础设施	—	主导生产环节
	—	—	智能机器完全自主，能够自组织生产与维护

在真正的信息文明时代，人类社会的生产将具有和工业文明时代截然不同的特征。主要表现为：智能机器成为主要劳动力，3D打印等技术成为主要制造方式，互联网和物联网成为人与人、人与物、物与物之间主要的通信工具，以"众"为特征的众筹和众创等成为重要的组织方式。这种新的特征将大面积改变工业文明时代"人驾驭机器"生产的状况，而在更大规模、更深层次上实现"机器代替人"生产，把人从繁重的体力、脑力劳动中解脱出来。

第二节

裸奔时代的"保护伞"

1. "透明"的国家安全

如今，网络最著名的技术当属区块链、云计算、人工智能、物联网和大数据了。这些技术带来了去中心化，它们将各种信息获取、传输并存储在公开的多个地方，以进行数据处理。在这些过程中，信息"雁过留痕"，这些痕迹的获取越来越便利。

网络时代的"人肉搜索"，让人心惊胆战，先不说网络暴力的野蛮，单是信息透明就让"人肉搜索"自动化变为现实，且搜索能力相较人工有了极大加强，成本极大降低，每个人都可能被"人肉"。

试想，当我们的信息被别有用心的人通过大数据、人工智能等技术以"人肉搜索"的类似方式进行挖掘，国家安全何在？当我们产业运行的信息被无端盗取，商业活动掌握在别有用心的人手中，国家安全何在？当我们身边水、电、医疗的运行系统等关键基础设施受制于别有用心的人手中，国家安全何在？值得注意的是，别有用心的文化传播和意识形态渗透将给我们带来危险隐患。现在社会上一些颇具蛊惑的舆论、一些"公知"的思想倾向，很容易成为瓦解社会公信力的导火索。

在"透明"面前，国家安全需要重新进行评估，更需要强健的防御能力。

2. 迎难而上筑防线

毋庸置疑，信息技术是个好东西。"任何事物都有两面性"这一颠扑不破的真理告诉我们，再好的技术也有成为杀伤性武器的潜能。在网络安全威胁和风险日益突出的今天，政治、经济、文化、社会、生态、国防等领域更是在所难免，特别是国家关键信息基础设施面临较大风险隐患，网络安全（特别是工业信息安全）防控能力弱，难以有效应对国家级、有组织的高强度网络攻击。这对世界各国都是一个难题，对中国也不例外。

树立正确的网络安全观是在网络空间安身立命的前提。习近平主席指出，当今的网络安全，有几个主要特点。一是网络安全是整体的而不是割裂的。在信息时代，网络安全对国家安全牵一发而动全身，同许多其他方面的安全都有着密切联系。二是网络安全是动态的而不是静态的。信息技术变化越来越快，过去分散独立的网络变得高度关联、相互依赖，网络安全的威胁来源和攻击手段不断变化，那种依靠装几个安全设备和安全软件就想永保安全的做法已不合时宜，需要梳理动态、综合的防护理念。三是网络安全是开放的而不是封闭的。只有立足开放环境，加强对外交流、合作、互动、博弈，吸收先进技术，网络安全水平才会不断提高。四是网络安全是相对的而不是绝对的。没有绝对安全，要立足基本国情保安全，避免不计成本追求绝对安全，那样不仅会背上沉重负担，甚至可能顾此失彼。五是网络安全是共同的而不是孤立的。网络安全为人民，网络安全靠人民，维护网络安全是全社会共同的责任，需要政府、企业、社会组织、广大人民共同参与，共筑网络安全防线。

建立关键信息基础设施安全保障体系是网络安全的重要防线。金融、能源、电力、通信、交通等领域的关键信息基础设施是经济社会运行的神经中枢，是网络安全的重中之重，也是可能遭到重点攻击的目标。"物理隔离"防线可能被跨网入侵，电力调配指令可能被恶意篡改，金融交易信息可能被窃取，这些都是重大风险隐患。不出问题则已，一出问题就可能导致交通中断、金融紊乱、电力瘫痪等，具有很大的破坏性和杀伤力。因此，对工业信息安全进行深入的研究，采取有效措施，才能切实做好国家关键信息基础设施安全防护。

能够全天候、全方位感知网络安全态势是得以安然高卧的保障。网络安全具有很强的隐蔽性，一个技术漏洞、安全风险可能隐藏多年而不自知，这样的结果就是，"谁进来了不知道，是敌是友不知道，干了什么不知道。"长期的"潜伏"，一朝有令全盘发作。因此，了解网络安全态势是开展攻防的基础。我们应全面加强网络安全检查，摸清家底，认清风险，找出漏洞，通报结果，督促整改；应建立统一高效的网络安全风险报告机制、情报共享机制、研判处置机制，准确把握网络安全风险发生的规律、动向、趋势；应建立政府和企业网络安全信息共享机制，把企业掌握的大量网络安全信息充分利用起来，龙头企业要率先垂范；应发挥"1+2＞2"的效应，以综合运用各方面掌握的数据资源，加强大数据挖掘分析，更好感知网络安全态势，做好风险防范。

增强防御能力和威慑能力是震慑网络"宵小"的关键武器。网络安全的本质是人与人的对抗，而这种对抗所表现的则是攻防两端能力的较量。我们应落实网络安全责任制，制定网络安全标准，明确保护对象、保护层级、保护措施。我们应以技术对技术、以技术管技术，真正实现魔高一尺、道高一丈。

本章小结

新的时代呼啸而来，过去未去，未来已来。

这一次，人类文明史上第一次迎来了席卷整个物理空间、覆盖人类活动全领域的浪潮。信息化与全球化相互助力，加速了人类文明进程的行进。

这一次，人类又一次展开了一场开天辟地的创造性活动，以信息技术为利剑，打破了现实空间与虚拟空间的桎梏，让人类活动实现新一次的延伸、拓展。

这一次，人类又一次行进到一个伟大的时代，工业文明向信息文明转变是历史车轮坚定的行进方向。诚然，这个过程充满了不可预知，充满了惊心动魄，但是，我们一直在警醒，一直在努力，因为只有坚定地走下去，才是我们无悔的选择。

第十八章　安全博弈下的以人为本

现代社会已经没有谁可以轻易离开网络,如同百万年前人类祖先对空气、阳光和水的感受那样,尽管这些东西往往以一种悄无声息的状态存在,却有着近乎生命本身一般的分量。不过,就像后者常常会面临空气污染、水污染等安全事件,网络世界同样危机四伏、暗流涌动。诸多的安全事件让普通网民从"围观者"沦为"受害者",而如果攻击主体是诸多国家,这种危害更是不言而喻。在后勒索病毒时代,面对网络安全这个新战场,该如何守卫,又将由谁守卫,成了一个新命题。

第一节
人与人的对抗

继网络空间成为陆、海、空、天之外的第五疆域之后,相应的信息技术已经渗透到物理世界、人类社会各个方面,而信息技术渗透到哪里,安全的问题就出现在哪里。在网络空间中,不可能存在铜墙铁壁、刀枪不入的安全之地,即使设计再精巧、结构再复杂,无一例外都会有漏洞。

信息安全领域的一项研究显示,程序员每写 1000 行代码,就会出现 1~6 个缺陷或错误,而这 1~6 个缺陷就有可能产生漏洞,如果这些漏洞是不可避免的话,那么"被攻击"就有可能发生。

在 2015 年中国互联网安全大会上,美国首任网军司令亚历山大的一番话震动不少人：世界上只有两种系统，一种是已知被攻破的系统，一种是已经被攻破但自己还不知道的系统。这意味着，在攻击者面前，没有任何安全的系统。既然如此，最佳的安全防线也许不是完美无漏洞，而是"攻击者进不去，非授权者的重要信息拿不到，窃取的保密信息看不懂，系统和信息改不了，攻击行为赖不掉"。

网络空间里所有的攻防，说到底是人和人的对抗与攻防，机器、系统、体系的主要作用是辅助提高效率和水平。那么，到底什么样的"对抗"，才能带来闻风丧胆的"震网"和"永恒之蓝"？

虽然本书我们讨论的是工业信息安全，但是作为网络安全的重要组成，二者面对的安全实质始终是一样的。人是一切安全问题的根源，也是安全生产力。维护网络安全，关键在人，核心在人。在网络社会，拥有不同分工的人群对网络安全的理解看似不同，实则殊途同归——网络安全，就是"人的安全"。

1. 互联网全覆盖人群——在校大学生：有毒的"红苹果"

有数据显示，青年学生为网络诈骗"钟爱"的群体，而大学生是犯罪分子实施诈骗最为集中的人群，山东大学生徐玉玉案就是典型的血泪教训。部分网络兼职的招聘信息就是利用大学生有闲余时间且急于"创收"的心理，不法分子以"轻松＋快速高报酬"为诱饵对大学生实施诈骗。另外，网络游戏、网络交友、网络信贷等已成为大学生网络安全的"重灾区"，诈骗短信、电话等安全隐患不时出现。因此，保障在校大学生的网络安全，已成为打击网络犯罪的重典之地。一方面，需要我们高校在校园网安全管理方面做出努力，从源头上防止网络安全隐患的出现；另一方面，大学生也应加强自身的网络安全意识，要具备识别网络虚假信息和抵御不良诱惑的能力。

所以，校园网络系统安全有保障，网络诈骗、非法信贷、不良信息等安全隐患远离大学校园，就是网络安全。

2. 通信网络服务提供者——电信运营商：花样翻新的"诈骗"服务

发送带有钓鱼网站或木马病毒的短信、冒充公检法或熟人进行电话诱骗、利用运营商漏洞盗取信息或财产……近年来，随着智能手机和移动通信网络的飞速发展，不法分子利用通信网络实施诈骗的方式也在翻新花样。如今，电信运营商各类用户规模增长，网络平台更加开放，数据量呈现爆炸式增长，用户信息泄露、信息数据被截取、内容涉黄涉暴等网络安全隐患层出不穷。

所以，公众不再受电话、短信诈骗困扰，用户个人隐私与人身财产安全不受侵犯，就是网络安全。

3. 互联网安全监察者——网络警察：网安，民安，国家安

网络安全已不再单指信息安全和信息系统安全，而是指涉及国家安全、社会安全、基础设施安全、城市安全、人身安全等更广泛意义上的安全。在当前严峻的网络安全形势下，网络空间安全对全球竞争与发展格局产生着深刻影响。网络警察作为网络空间安全保卫工作的主力军，肩负着监督、检查、指导网络安全保护工作和查处网络安全违法犯罪案件的重要职责。对他们而言，维护网络安全，就是维护国家安全、公共安全和公民的合法权益。为此，我国数万名网络警察坚持清理整治打击并重，针对新技术、新系统、新应用的特点和规律，与时俱进开展网络安全执法监管工作，是全国范围内打击网络犯罪和网络恐怖主义的坚强后盾。

所以，全国 7.5 亿网民都能在安全稳定的环境中享受互联网带来的福利，就是网络安全。

4. 金融网络安全的向导——银行从业者：天上掉个大馅饼，砸的肯定不是我

无抵押贷款、高利息存款、免费办理信用卡……进入 21 世纪以来，在互联网金融交易规模快速增长、新兴业务迅速拓展的同时，骗贷等欺诈现象也暗自滋生，成为金融行业健康成长的阻力。不法分子通常采用盗用账户、骗取用户信任等方式进行恶意骗贷，或者利用机构、体系的技术漏洞对账户进行大规模的群体欺诈。捍卫金融领域的网络安全，需要着眼于新兴的网络科技，以大数据分析、人工智能为技术支持，提高数字证书、网盾等安全工具的使用覆盖率，有效识别涉及身份冒用等高风险的互联网金融交易，以"科技反欺诈"保证金融网络安全。

所以，用户对金融诈骗不透露、不轻信、不转账，个人财产更安全、网络理财更有保障，就是网络安全。

5. 互联网高度活跃人群——青少年：网络达人"根子正"

在网络用户呈现低龄化特征的同时，网络犯罪主体的低龄化也愈加明显，参与网络犯罪的未成年人数迅速增长。网络空间既新奇时尚又充满诱惑，青少年由于身心发展还不完全成熟，对网络欺诈、钓鱼网站、不良诱惑等安全隐患的警惕性较低，容易在接触网络的过程中遭受身心伤害和财产损失。保护青少年网络安全，就是要让他们在健康安全的网络环境中探索、学习、成长，成为传播网络正能量的新兴力量。

所以，在丰富多彩的网络世界中，适度娱乐、远离诱惑、快乐学习、健康成长，就是网络安全。

6. 抵御风险的"终极防火墙"——网络安全技术从业者：幕后的无名英雄

网络安全离不开技术保障，技术水平的高低直接影响着网络安全保障的质量和效果。有数据显示，存在漏洞的网站、App 占总数比例高达 27.8%，要修补这些随时更新的网络漏洞，需要强大的安全技术保障团队作为支撑。今天，网络安全技术从业者已成为各行各业不可或缺的存在，他们密切跟进互联网技术的创新发展，以敏锐的洞察力感知网络安全风险的存在，并及时消除隐患。

所以，网络系统连续、可靠、正常地运行，系统数据信息不被破坏、更改、泄露，网络服务不中断，就是网络安全。

7. 网络社会最基本的行为主体——普通网民：做网络空间的守法"良民"

网络安全隐患多与个人信息泄露有关，个人信息数据泄露问题得不到解决，网络安全也就无从谈起。一旦黑客利用高危漏洞对系统进行入侵和篡改，网络诈骗和其他网络犯罪就会有机可乘，网民就极有可能遭受人身和财产损失。保护普通网民的网络安全，就要让涉及个人隐私或商业利益的信息在网络上传输时受到机密性、完整性和真实性的保护，保障每位网民的信息安全。

所以，在各类网络社交、服务平台普及实名制的同时，个人身份信息、隐私及合法权益安全有保障，就是网络安全。

第二节

九层之台，起于累土

世界因互联网而精彩，生活因互联网而丰富。但互联网是一把"双刃剑"，它可能是"阿里巴巴"的宝库，也可能是"潘多拉"的魔盒。自网络诞生伊始，网络安全就与网络发展相伴随。尤其是在互联网新技术、新经济和新应用创新层出不穷的今天，网络与产业从没有如此纠葛至深，从没有如此水乳交融。然而，伴随而至的就是网络攻击、网络犯罪、信息泄露导致的网络安全形势愈发不容乐观。没有网络安全就没有国家安全，也没有人民康乐。守护网络安全，已经成为事关国家兴衰和人民福祉的关键环节，而这离不开公民数字能力的提升。

1. 拿什么守护你，第五疆域

知名的工业信息安全公司 Indegy 曾对 2018 年的工业信息安全趋势做了预测，并忧心地认为，在不久的将来，工业信息安全专业人员短缺的情况将会更加严峻。Indegy 认为，2017 年企业缺乏技能熟练的工控系统的网络安全专业人员已是事实，2018 年这种情况仍会延续。尽管大多数组织机构已经充分意识到保护工控系统网络安全的必要性，但企业仍难以制定自己的工控网络安全策略，并为关键职位配备技能娴熟的专业人员。而要成功部署工业信息安全项目，企业必须结合信息技术和运营技术的人才和资源，企业层面的管理和监督对此类项目的成功至关重要。

从目前来看，我国这方面的人才储备却不容乐观。来自人才市场的一线数据表明，2017 年，随着全球范围内网络安全事件的日益增加，以及《中华人民共和国网络安全法》及一系列配套政策法规的逐步落地实施，国内政企机构对网络安全的重视程度也日益提高，对网络安全人才的需求出现爆发式增长。2017 年上半年，通过智联招聘发布的网络安全岗位的招聘需求，较 2016 年上半年增长了 232%。其中，受到跳槽旺季等因素影响，2017 年 2 月的需求增长最为明显，较 2016 年 2 月增长了 327%。

从地域范围来看，北京、上海、深圳、成都、广州这 5 个城市是网络安全人才需求量最大的城市，这 5 个城市对网络安全人才需求的总量占全国需求总量的 50.6%，超过半数。其中，仅北京需求的网络安全人才，就占全国的 25.5%，这与北京聚集了较多党政机关、大型国企及其总部和网络安全公司有很大的关系。而从人才供给情况来看，上述 5 个城市也同样是网络安全人才比较集中的地区，求职者人数占比约为全国总量的 50.4%，与用人单位人才需求的比例分布大致相当。

从企业层面上说，不论是安全企业还是其他政企机构，普遍需要具有实际操作能力、能够解决实际问题的安全技术人员，而不是只有学术能力、缺乏动手能力的人。也正是这一原因，导致政企机构在网络安全方面，对于大专毕业生的需求与本科毕业生相差无几。很明显，网络安全人才的职业教育、技能教育在国内还十分缺乏。即便高薪招人，企业也很难招到合适的人才。而且，当前国内信息系统和信息基础设施等重要行业网络安全人才需求达 70 万人，至 2020 年将增加到 140 万人，并且需求量预计将以每年 1.5 万人的速度递增，而目前高校每年培养的网络安全相关专业人员不到 1 万人。这些事实再次说明，虽然 2015 年我国专门设立了网络空间安全一级学科，在 29 所高校里设置了多个试点，尽管如此，我国的网络安全人才匮乏情况仍没有得到根本改变，网络安全人才市场仍旧面临结构性短缺的问题。

2. 得人者兴，失人者崩

美国陆军一份长达 35 页的《2016—2045 年新兴科技趋势报告》显示，有 20 项最值得关注的科技发展趋势，而在 20 项趋势技术中，有 11 项和信息技术有关，更为重要的是，这 11 项技术每一项都谈到了安全问题。在网络安全上的投入研发似已成共识，而背后比拼的，就是人才培养的速度。

纵观世界各国的网络安全战略，网络安全人才培养已经成为不可或缺的一部分。美国早在 2003 年就将网络安全教育计划写入了《保护网络安全国家战略》中；2012 年，美国发布《网络安全教育战略计划》，明确提出扩充网络安全人才储备、培养网络安全专业队伍；2017 年 7 月，美国国家安全局拨付 550 万美元用于培养下一代联邦网络安全工作者。英国也在 2009 年发布的《网络安全战略》中明确提出，要鼓励建立网络安全专业人才队伍；2016 年，英国政府出资 2000 万英镑，推出新"网络校园项目"，为青少年提供网络安全培训，储备专业网络安全人才。

不仅是发达国家,"一带一路"沿线的新加坡、印度、以色列等国家也已经在网络安全人才培养中颇有建树。2017年3月,新加坡通信及新闻部部长雅国公布了"网络安全专才服务计划",旨在吸引、培训与保留公共机构的网络安全人才。加入计划的公共服务人员可以在通信、银行与金融、能源等11个关键信息基础设施领域和不同的公共机构任职以积累相关经验,也可以选择在政府部门内部就职,深化网络安全设计咨询、网络验证等方面的专业技术能力。通过这项计划,新加坡政府计划在未来几年内将目前公共领域负责网络安全的工作人员数量从现在的约300人扩充至600人左右。2016年10月,新加坡国立大学、国立研究基金会及新电信公司决定在5年内共斥资4280万新元,成立网络安全研究与发展研究室,研发对抗网络袭击的新方法。重点关注4个方面:预测网络威胁的技术、监察和防御物联网袭击的方案、防御性更强的安全系统,以及网络、数据与云端储存系统的安全方案。2017年3月,新加坡政府投资840万新元的网络安全实验室在新加坡国立大学成立,将为学术及产业相关人士的网络安全研究和测试提供支持。在印度,反黑客学院成立新公司HLSS,以填补网安人才空缺,致力于为印度调查机构、军事单位和政府机构提供顶尖的网络安全培训计划,并创立网络安全专业人才工作组,提升印度网络安全实力。在以色列贝尔谢巴,几项政府规划举措为人才营造优越环境,促成了这个"网络中心"的诞生。税收优惠和签证要求放宽使该地区吸引了国内和国际人才,意识到两小时的通勤是大多数以色列人所不愿接受的,政府也改善了通往该地区的交通。

相比之下,中国的网络安全人才培养战略起步较晚。联合国国际电信联盟(ITU)发布的《2017年全球网络安全指数调查报告》显示,193个国家中,中国的网络安全指数排名第32位,无缘前30。作为一个拥有7亿多网民的网络大国,中国是全球互联网用户规模最大的国家,网络安全一旦出现问题,造成的危害难以想象,因此加强网络安全人才培养刻不容缓。

党的十八大以来,特别是中央网络安全和信息化领导小组成立以来,我国网络安全顶层设计、政策框架、法律制度、人才建设、技术产业、宣传教育等方面取得突飞猛进的进展。网络法治不断完善,网络空间日渐清朗。互联网新经济、新业态蓬勃发展,应用场景不断丰富,网络发展给人民群众带来的获得感越来越强。与此同时,国家始终坚持网络安全和网络发展同步推进,致力于提升公民数字能力。如今,有高度的安全意识、有文明的网络素养、有守法的行为习惯、有必备的防护技能,已成"网民标配"。

2016年12月,国家互联网信息办公室发布的《国家网络空间安全战略》明确提出,"实施网络安全人才工程,加强网络安全学科专业建设,打造一流网络安全学院和创新园区。"2017年6月1日正式实施的《中华人民共和国网络安全法》也明确提到,"国家支持企业和高等院校、职业学校等教育培训机构开展网络安全相关教育与培训,采取多种方式培养网络安全人才,促进网络安全人才交流。"

特别是在工业信息安全方面,在春风化雨式的宣传教育下,专业人才借由宣传教育等手段逐步成长。

为贯彻落实《国务院关于深化制造业与互联网融合发展的指导意见》文件要求,推动《工业控制系统信息安全防护指南》(简称《防护指南》)落地实施,提升地方工业和信息化主管部门及企业工控系统信息安全防护水平,在工业和信息化部指导下,2017年全国工业信息安全宣贯培训、技能竞赛、论坛会议等宣传教育活动深入开展。

全国范围内工控系统信息安全培训开创先河。2017年3—6月,工业和信息化部信息化和软件服务业司委托国家工信安全中心,分别面向华东、华南、华北、西南、西北、东北六大片区组织开展了2017年工控系统信息安全培训工作,来自全国31个省(自治区、直辖市)、240余个地市工业和信息化主管部门及350余家工控系统用户企业的1200余名领导同志和从业人员参加了培训。此次培训通过详细解读《工业控制系统信息安全防护指南》、普及工控系统信息安全相关知识、讲解工控系统信息安全防护技术,进一步强化了地方工业和信息化主管部门及企业工业信息安全意识,提升了工控系统信息安全相关技能,使得工业信息安全的理念更加深入人心。

"好马配好鞍",专业培训需要好教材。由国家工信安全中心牵头编制的《工业控制系统信息安全防护技术概论》(简称《技术概论》),作为全国工控系统信息安全培训的指定教材。《技术概论》详细介绍了我国关于工业信息安全的指导原则、方针政策和工作部署,特别强调工业企业在工控安全防护工作中的主体责任,有针对性地普及了工控安全相关基础知识,并围绕《防护指南》提出的11项防护要求,提出可供工业企业参考的防护策略、实施建议和解决方案,为推动工业信息安全意识普及和知识技能教育发挥了积极作用。

模拟演练练就一身好本领。为提升社会工业信息安全意识、加大工业信息安全专业人才选拔与培养力度,2017年12月,在工业和信息化部指导下,由国家工业信息安全发展研究中心与浙江省经济和信息化委员会联合举办的首届工业信息安全技能大赛在浙江杭州拉开序幕,大赛模拟真实工控网络系统,聚焦行业安全问题,召集来自全国24个省(自治区、直辖市)科研院所、著名高校和知名企业的49支战队的近200名选手,针对行业实际应用设备进行漏洞挖掘,并开展工业信息安全攻防实战。本次大赛是落实《中华人民共和国网络安全法》的重要举措,在普及工业信息安全常识、培养工业信息安全人才、推动行业整体安全意识提升、促进安全防护技能提高等方面开展了积极探索。此外,国家网络安全宣传周、世界智能制造大会等活动纷纷设置工业信息安全相关分论坛,通过工业信息安全宣传教育与意识普及,强化提升全社会工业信息安全意识。

本章小结

如果说,网络安全是一场高科技的"人民战争",那么工业信息安全就是打响在我们身边的"巷战",每个人都不应是无缘的旁观者,而应是积极的践行人。通过提升数字能力为全体公民充分赋能,必将更好夯实工业信息安全,乃至网络安全的社会根基。

第十九章　从责任担当到命运共同体

随着互联网技术的飞速发展，网络已成为日常生活密不可分的组成部分。朋友圈里精美的人物与风景，购物网站琳琅的时尚潮品，资讯平台夺目的新闻热点，社交软件繁忙的聊天提醒，互联网打开了认识世界的一扇窗，开创了推动经济发展的新形态，深刻改变着人类生活习惯、行为方式和价值观念。伴随着互联网的普及，网络安全问题也越来越受关注，没有网络安全就没有国家安全。我国正处在实现"中国梦"的关键期，面临的网络安全压力与挑战急剧增加。建设网络强国，维护网络空间主权、安全和发展利益，成为顺应时代要求的国家战略，需要多方共同担当。

第一节
乱云飞渡仍从容

世界经济低迷不振，逆全球化暗流涌动，与此同时，复杂多变的国际形势已不再局限于外交或军事上的对峙，互联网，成了一条全新的"国际战线"。各国的网络空间，绝非如公海、极地、太空一般是全球公域，而是建立在各国主权之上的一个相对开放的信息领域。

无远弗届的网络空间，汹涌诡谲。

如何在网络空间中安稳立足，从容地应对网络和信息安全的挑战？这需要正确的理论作为指导。习近平主席告诉我们："要树立正确的网络安全观，加快构建关键信息基础设施安全保障体系，全天候全方位感知网络安全态势，增强网络安全防御能力和威慑能力。"

  我们清醒地知道,网络安全问题早已超出了技术安全、系统保护的范畴,发展成为涉及政治、经济、文化、社会、军事等各个领域的综合安全,越来越多地与外交、贸易、个人隐私和权益等交织在一起,涉及政府、企业、个人等各个方面。因此,网络安全绝不仅是一个国家、一个行业、一个企业或者个人的事情,而是全社会的共同责任。

  面对新形势、新问题,要按照总体布局、统筹各方的要求,以网络空间的思维和理念开展网络安全工作,在坚持"谁主管谁负责"的同时更加注重顶层设计和综合协调,在坚持分工负责的同时也要防止简单的分而治之和各自为战现象,更加注重综合治理、体系防范。2014年2月27日,中央网络安全和信息化领导小组宣告成立,其目的是加强对国家网络安全和信息化工作的统一领导,从战略地位和政策上解决国家网络安全缺少顶层设计的问题。习近平主席在中央网络安全和信息化领导小组第一次会议上强调:"中央网络安全和信息化领导小组要发挥集中统一领导作用,统筹协调各个领域的网络安全和信息化重大问题,制定实施国家网络安全和信息化发展战略、宏观规划和重大政策,不断增强安全保障能力。"

  除了战略顶层的宏大谋划,网络安全还需要广泛动员各方面力量共同参与。这道安全防线是"全民皆兵、全民参战"的防线,各级党委政府要完善政策、健全法制、强化执法、打击犯罪,推动网络空间法治化;互联网企业要切实承担起社会责任,保护用户隐私,保障数据安全,维护网民权益;网络社会组织要加强行业自律,推动网上诚信体系建设,有力惩戒违法失信行为;专家学者、新媒体代表人士、网络从业人员要发挥积极作用,切实形成全社会共同维护网络安全的强大合力。

  我们清醒地知道,当下网络安全问题日益凸显,网络攻击、网络恐怖等安全事件频繁发生,侵犯个人隐私、窃取个人信息、诈骗网民钱财等违法犯罪行为时有发生,网上黄赌毒、网络谣言等屡见不鲜,已经成为影响国家公共安全的突出问题。因此,这个"乱象丛生"之地迫切需要依法治理并成为一个健康清朗的空间。

  在维护网络安全的各种手段中,推进网络空间法治化是根本保障。自22年前接入国际互联网以来,我国就依法开展网络空间治理,网络空间日渐清朗。但由于整体起步较晚，相应的法律法规也不够完善，还存在法律缺位与滞后的问题。近年来，我国网络用户激增，网络安全事件频发，国家越来越重视网络法治问题。党的十八届四中全会提出了全面推进依法治国、建设中国特色社会主义法治体系、建设社会主义法治国家的总目标，也加速了网络法治新常态的进程。在接受美国《华尔街日报》书面采访时，习近平主席指出："中国是网络安全的坚定维护者。中国是黑客攻击的受害国。中国政府不会以任何形式参与、鼓励或支持企业从事窃取商业秘密行为。不论是网络商业窃密，还是对政府网络发起黑客攻击，都是违法犯罪行为，都应该根据法律和相关国际公约予以打击。"

法治根本仍为人。只有保护好每位网民的安全，才能让网络安全落地生根，构筑起国家网络安全的坚固长城。广大网民要用法律的尺子来衡量自己在网上的言行，讲诚信、守秩序，自觉学法、遵法、守法、用法，筑牢网络安全的法治屏障。习近平主席在第二届世界互联网大会开幕式上指出："构建良好秩序，网络空间同现实社会一样，既要提倡自由，也要保持秩序。自由是秩序的目的，秩序是自由的保障。我们既要尊重网民交流思想、表达意愿的权利，也要依法构建良好网络秩序，这有利于保障广大网民合法权益。网络空间不是'法外之地'。网络空间是虚拟的，但运用网络空间的主体是现实的，大家都应该遵守法律，明确各方权利义务。要坚持依法治网、依法办网、依法上网，让互联网在法治轨道上健康运行。"

我们清醒地知道，核心技术仍是我国实现"中国梦"的软肋。虽然我国的网信事业发展迅速，但与美国相比，我国的网络安全技术特别是核心技术还有一定差距。核心技术受制于人、关键基础设施受控于人，已经成为我国网络安全的"不可言说之痛"。因此，大道至简，自主可控才是正途。

在安全事业方面，中国是典型的后发国家，是网络大国，是行进在强国路上的大国。国际互联网发展至今，众多核心的技术基本都掌握在西方国家特别是美国手中。维护国家网络安全，必须拥有自己的网络核心技术，而要拥有核心技术就必须开展网络技术创新，不断研发拥有自主知识产权的互联网产品，才能不受制于其他国家。同样地，在关键信息基础设施上，我们同样因为起步晚、关键技术落后，抗外部入侵和攻击能力较弱，这使得在凶猛如虎的网络攻击面前毫无底气。习近平主席指出："要尽快在核心技术上取得突破。要有决心、恒心、重心，树立顽强拼搏、刻苦攻关的志气，坚定不移实施创新驱动发展战略,抓住基础技术、通用技术、非对称技术、前沿技术、颠覆性技术,把更多人力、物力、财力投向核心技术研发,集合精锐力量,做出战略性安排。""要有良好的信息基础设施,形成实力雄厚的信息经济。"

第二节

大道之行,天下为公

  国之交在民相亲,民相亲在网相联,而民之安则在网之安。网络安全关系到国家主权安全、经济安全等多个层面,在当今的"互联互通"网络环境下,没有哪个国家可以独善其身。我国高度重视网络安全问题,习近平主席多次发表重要讲话,提出了全球互联网发展治理的"四项原则""五点主张",特别是倡导尊重网络主权、构建网络空间命运共同体的重要观点,赢得了世界绝大多数国家的赞同。随着我国综合国力不断提升,与各国的往来日益密切,我们深知,全球安全治理搞好了,各国都将受益。中国是现行国际体系的参与者、建设者、贡献者,同样也要做全球安全治理的积极参与者、建设者、贡献者。

  作为网络大国,中国的立场和行动对于全球网络空间发展的方向至关重要。

  我们从来不认为网络空间是"法外之地"。近年来,中国颁布了一系列诸如《中华人民共和国网络安全法》等法律规范,大刀阔斧地整治网络安全,从法律层面确保网络安全问题有法可依。而我们深知,网民才是网络社会的细胞,是网络社会最基本的行为主体和组成单元,只有让每位网民自觉维护网络社会运行秩序,才能推动网络社会良好发展,让网络空间更加清朗。因此,与其他国家不同的是,我们更加重视网络生态的修复和营造,更加重视发挥道德教化引导作用,强化网络伦理、网络文明建设,不遗余力地运用人类文明优秀成果滋养网络空间。这些成果都已物化为"中国药方",为网络安全全球治理提供了另一种参考。

  习近平主席在"一带一路"国际合作高峰论坛圆桌峰会上指出,我们携手推进"一带一路"建设国际合作,让古老的丝绸之路重新焕发勃勃生机。在新的起点上,我们要勇于担当,开拓进取,用实实在在的行动,推动"一带一路"建设国际合作不断取得新进展,为构建人类命运共同体注入强劲动力。

近年来,中国在网络安全领域的"朋友圈"不断扩大,特别是与"一带一路"沿线国家的安全合作气势如虹。除美国之外,中国与俄罗斯、英国等国家也建立相关合作机制;与此同时,中国还借助"上合组织""金砖国家"等多边机制,与各方开展网络合作。有资料显示,中国与 70 多个国家和地区通过双边等渠道的执法合作活动,对网络诈骗、色情、赌博、贩枪等犯罪行为进行了打击。

2017 年 3 月,继《国家网络空间安全战略》发布仅两个月之后,中国又发布了《网络空间国际合作战略》,这不仅是中国网络空间,也是全球网络空间发展进程中的一件大事,将对全球网络空间发展走向产生重大影响。这一战略具有更加开阔的全球胸怀、更加敏锐的前瞻眼光、更加坦诚的合作精神、更加具体的务实行动,充分体现了中国作为一个网络大国在全球网络空间发展中的国际担当。

这一次,我们旗帜鲜明地提出:中国始终是世界和平的建设者、全球发展的贡献者、国际秩序的维护者,中国坚定不移走和平发展道路,中国网络空间国际合作战略以和平发展为主题,以合作共赢为核心。

这一次,我们立场坚定地提出中国主张,以引导世界建立正确的网络安全观。我们明确提出,国家主权是维护网络空间和平安全的基础,要致力在共同安全中实现自身安全,以构建国际规则和国家行为规范维护网络空间安全,既保护国家安全,又保护社会安全和个人安全。

这一次,我们无所畏惧地向全世界积极贡献了构建网络空间全球治理体系的中国力量。我们明确提出,主权平等原则是当代国际关系的基本准则,也应该适用于网络空间;网络空间治理应该遵循共治原则,坚持多边参与、多方参与,各国应享有平等参与网络空间治理的权利,要加强发展中国家的代表性和发言权。

信息时代,开放、合作、分享变成人类生存、生活的策略和手段。越开放就越能建立更多的连接、越能组合更多的有效信息、越能与更多的要素完美组合,就能创造卓越。合作是共赢的唯一策略,是进化后的大智慧。分享是为了更好合作,是为了推进彼此的合作。

纵观人类文明发展进程,尽管千百年来人类一直期盼永久和平,但战争从未远离。历史昭示人们,弱肉强食不是人类共存之道,穷兵黩武无法带来美好世界。在党的十九大开幕式上,习近平总书记指出,"要坚持以对话解决争端、以协商化解分歧,统筹应对传统和非传统安全威胁,反对一切形式的恐怖主义。"中国主张,为应对各种共同的安全挑战,各国应同心协力,化危机为生机,共同消除引发战争的根源,共同解救和保护被战火烧灼的民众,构建一个"共同、综合、合作、可持续"的安全格局,建设一个普遍安全的世界,让和平的阳光普照大地,让人人享有安宁祥和。中国将坚持走和平发展道路,顺应大势、勇于担当,始终做世界和亚太地区的"和平稳定之锚"。可以看出,中国对包括网络安全在内的安全格局始终秉持着"大初心"。这绝不是"一家独大"之大,而是以坚决维护国际关系基石和准则为前提的"胸怀天下"之大,是秉持义利相兼、以义为先的"天下事为己任"之大。

本章小结

当下,是网络安全最好的时代,也是最坏的时代。埃及政权更迭是从互联网开始发酵的,乌克兰的"颜色革命"也与网络纠缠颇深。我们应当警醒,更需要深刻意识到,在这样一个时代,独善其身已远远不够,独行虽快,而众行方能致远。争议虽在,合作长存,这将成为全球化背景下国际安全合作的主基调。

附录 1

2017 年全球创新指数 GII 指标体系结构

亚指数	一级指标	二级指标	三级指标
全球创新指数 GII	创新投入亚指数	1. 制度环境 1.1 政治环境 1.2 管制环境 1.3 商业环境	1.1.1 政治稳定性和安全性 * 1.1.2 政府有效性 * 1.2.1 监管质量 * 1.2.2 法治 * 1.2.3 遣散费用，带薪周数 1.3.1 易于创业 * 1.3.2 易于解决破产 * 1.3.3 易于纳税 *
		2. 人力资本与研究 2.1 教育 2.2 高等教育 2.3 研发	2.1.1 教育支出占 GDP 的比重 2.1.2 中学生人均政府支出人均 GDP 占比 2.1.3 预期受教育年限 2.1.4 阅读、数学科学 PISA 量表得分 2.1.5 中学生师生比例 2.2.1 高等教育入学率 2.2.2 科学与工程专业毕业生比重 2.2.3 高等教育入境留学生占比 2.3.1 全职研发人员数量 2.3.2 研发支出占 GDP 的比重 2.3.3 排名前 3 位的全球研发企业的平均研发支出 2.3.4 QS 高校排名前 3 位的大学平均得分 *
		3. 基础设施 3.1 信息通信技术 3.2 一般基础设施 3.3 生态可持续性	3.1.1 ICT 普及率 * 3.1.2 ICT 使用率 * 3.1.3 政府网络服务 * 3.1.4 电子参与 * 3.2.1 发电量，人均千瓦时 3.2.2 物流表现 * 3.2.3 资本形成总额在 GDP 中的占比 3.3.1 每单位 GDP 产生的能耗 3.3.2 环境表现 3.3.3 ISO 14001 环境认证 / 十亿购买力平价美元 GDP
		4. 市场成熟度 4.1 信贷 4.2 投资 4.3 贸易竞争、市场规模	4.1.1 易于获得信贷 * 4.1.2 给私营部门的国内信贷占 GDP 中的占比 4.1.3 小额信贷总量在 GDP 中的占比 4.2.1 易于保护中小投资者 * 4.2.2 市值在 GDP 中的占比 4.2.3 风险投资交易 / 十亿购买力平价美元 GDP 4.3.1 适用税率加权平均百分比 4.3.2 本地竞争强度 * 4.3.3 国内市场规模，十亿购买力平价美元 GDP

续表

亚指数	一级指标	二级指标	三级指标
全球创新指数 GII	创新投入亚指数	5. 商业成熟度	5.1 知识员工 5.2 创新联系 5.3 知识吸收	5.1.1 知识密集型就业占比 5.1.2 提供正规培训的公司占比 5.1.3 企业进行 GERD 在 GDP 中的占比 5.1.4 企业供资 GERD 占比 5.1.5 高级学位女性员工在总就业中的占比 5.2.1 高校/产业研究合作 + 5.2.2 产业集群发展情况 + 5.2.3 海外投资 GERD 占比 5.2.4 合资战略联盟交易 5.2.5 在两个以上主管局申请的同族专利 5.3.1 知识产权支付在贸易总额中的占比 5.3.2 高技术进口减去再进口在贸易总额中的占比 5.3.3 ICT 服务进口在贸易总额中的占比 5.3.4 FDI 流入净值（三年内平均值）在 GDP 中的占比 5.3.5 研究人才在企业中的占比
	创新产出亚指数	6. 知识与技术产出	6.1 知识创造 6.2 知识影响 6.3 知识传播	6.1.1 本国专利人申请量/十亿购买力平价美元 GDP 6.1.2 PCT 专利申请量/十亿购买力平价美元 GDP 6.1.3 本国实用新型申请量/十亿购买力平价美元 GDP 6.1.4 科技论文/十亿购买力平价美元 GDP 6.1.5 引用文献 H 指数 6.2.1 购买力平价美元 GDP 增长率/工人 6.2.2 新企业/千人口 15～46 岁 6.2.3 计算机软件开发占 GDP 的占比 6.2.4 ISO 9001 质量认证/十亿购买力平价美元 GDP 6.2.5 高端、中高端技术生产占比 6.3.1 知识产权收入在贸易总额中的占比 6.3.2 高技术出口减去再出口在贸易总额中的占比 6.3.3 ICT 服务出口在贸易总额中的占比 6.3.4 FDI 流出净值（三年内平均值）占 GDP 的比重
		7. 创意产出	7.1 无形资产 7.2 创意产品和服务 7.3 在线创意	7.1.1 本国人商标申请量/十亿购买力平价美元 GDP 7.1.2 本国人外观设计申请量 7.1.3 ICT 和商业模式创造 + 7.1.4 ICT 和组织模式创造 + 7.2.1 文化与创意服务出口在贸易总额中的比例 7.2.2 国产电影/百万人口 15～69 岁 7.2.3 全球娱乐和媒体市场/千人口 15～69 岁 7.2.4 印刷和出版生产占比 7.2.5 创意产品出口在贸易总额中的占比 7.3.1 通用顶级域（TLD）/千人口 15～69 岁 7.3.2 国家代码顶级域/千人口 15～69 岁 7.3.3 维基百科每年编辑次数/百万人口 15～69 岁 7.3.4 YouTube 视频上传次数/人口 15～69 岁

注：* 为指标，+ 为调查问题。

附录 2
2017 年国际网络安全企业融资与收购案

排序	领域	企业	国家	类型	金额(万美元)	投资方
1	内部威胁	harvest.ai	美国	收购	1900	AWS
2	入侵检测	BluVector	美国	收购	5000	LLR Partners
3	云安全	Bitglass	美国	融资	4500	Future Fund
4	综合	M&S Technologies	美国	收购	—	Kudelski Group
5	安全可视化	Agile 3 Solutions	美国	收购	—	IBM
6	身份管理	Transmit Security	美国	融资	4000	私人
7	终端安全	SentinelOne	美国	融资	7000	Redpoint Ventures
8	安全分析	Niara	美国	收购	—	HPE
9	云安全	Skyfence	美国	收购	—	Forcepoint
10	安全众测	HackerOne	美国	融资	4000	Dragoneer
11	终端安全	Invincea	美国	收购	10000	Sophos
12	云安全	默安科技	中国	融资	454	元璟资本
13	安全检测	中睿天下	中国	融资	303	蓝湖资本
14	入侵检测	LightCyber	以色列	收购	10500	Palo Alto
15	云安全	上元信安	中国	融资	454	任子行
16	代码安全	Veracode	美国	收购	61400	CA
17	安全检测	SlashNext	美国	融资	900	Norwest Venture Partners
18	身份管理	Okta 公司	美国	上市	18700	纳斯达克
19	物联网安全	PAS	美国	融资	4000	Tinicum
20	漏洞众测	Synack	美国	融资	2125	微软
21	云安全	Dome9 Security	美国	融资	1650	软银
22	APT	东巽科技	中国	融资	606	稼沃资本
23	身份管理	SpeakIn	中国	融资	151	IDG 资本
24	大数据安全	观数科技	中国	融资	227	—
25	欺诈识别	Signifyd	美国	融资	5600	Menlo Ventures
26	身份管理	3M 身份管理业务	美国	收购	—	金雅拓
27	Web 安全	Signal Sciences	美国	融资	1500	CRV
28	DevOps 安全	Conjur	美国	收购	4200	CyberArk
29	终端安全	Crowdstrike	美国	融资	10000	Accel Partners
30	移动安全	Wandera	英国	融资	2750	Sapphire Ventures
31	云安全	Aporeto	美国	融资	1120	Norwest Venture Partners

续表

排序	领域	企业	国家	类型	金额(万美元)	投资方
32	自动响应	Hexadite	以色列	收购	10000	微软
33	终端安全	Tanium	美国	融资	10000	TPG Growth
34	风险管理	RiskRecon	美国	融资	1200	戴尔科技资本
35	物联网安全	Qadium	美国	融资	2000	NEA
36	云安全	Netskope	美国	融资	10000	光速创投 Accel
37	身份管理	芯盾时代	中国	融资	1515	SIG 红点创投
38	身份管理	Yubico	美国	融资	3000	NEA
39	终端安全	Minerva	美国	融资	750	Amplify Partners
40	云安全	Illumio	美国	融资	12500	摩根大通
41	大数据分析	CybelAngel	法国	融资	356	Serena Data Ventures
42	身份管理	Trusona	美国	融资	1000	微软
43	代码安全	Whitesource	美国	融资	1000	—
44	安全运营	MKACyber	美国	融资	410	—
45	Web 安全	长亭科技	中国	融资	454	启明资本
46	终端安全	Cybereason	美国	融资	10000	软银
47	云安全	GreatHorn	美国	融资	630	Techstars Venture Capital Fund
48	终端安全	Guidance	美国	收购	24000	OpenText
49	物联网安全	SparkCognition	美国	融资	3250	Verizon Venture
50	安全检测	JASK	美国	融资	1200	戴尔科技资本
51	云安全	Cloudyn	以色列	收购	5000	微软
52	安全检测	Darktrace	美国	融资	7500	Insight Venture Partners
53	安全调度指挥	Komand	美国	收购	5000	Rapid7
54	安全可视化	Corelight	美国	融资	920	Accel Partners
55	容器安全	StackRox	美国	融资	1400	红杉资本
56	大数据分析	瀚思科技	中国	融资	1515	国科嘉和基金
57	数据防泄露	天空卫士	中国	融资	2272	360 企业安全
58	安全认证	Symantec 安全认证业务	美国	收购	95000	DigiCert
59	威胁情报	BlueteamGlobal	美国	融资	12500	—
60	云安全	易安联	中国	融资	454	南京江宁
61	物联网安全	Dragos	美国	融资	1000	Allegis Capital
62	云安全	Druva	印度	融资	8000	Riverwood Capital
63	终端安全	杰思安全	中国	融资	454	盘古创富
64	物联网安全	Qadium	美国	融资	4000	IVP

续表

排序	领域	企业	国家	类型	金额（万美元）	投资方
65	身份管理	ForgeRock	美国	融资	8800	Accel
66	威胁情报	微步在线	中国	融资	1818	高瓴资本
67	云安全	炼石网络	中国	融资	454	国科嘉和基金
68	安全服务	小安科技	中国	融资	151	中科创星
69	终端安全	AppGuard	美国	融资	3000	JTB Corp
70	云安全	Threat Stack	美国	融资	4500	F-Prime
71	移动安全	指掌易	中国	融资	2272	昆仲资本
72	暗网监测	Digital Shadows	英国	融资	2600	Octopus Ventures
73	容器安全	Aqua Security	美国	融资	2500	光速创投
74	身份管理	Gigya	以色列	收购	35000	SAP
75	大数据分析	Capsule8	美国	融资	600	ClearSky Security
76	终端安全	火绒安全	中国	融资	227	天融信
77	移动安全	SecurityScorecard	美国	融资	2750	诺基亚
78	安全管理	Skybox Security	以色列	融资	15000	CVC Capital Partners
79	物联网安全	ForeScout	美国	上市	11600	纳斯达克
80	代码安全	Black Duck	美国	收购	66500	Synopsys
81	身份管理	SailPoint	美国	上市	24000	纽交所
82	安全与存储	Barracuda Networks	美国	收购	160000	私募股权公司
83	APT	Deep Instinct	以色列	融资	3200	CNTP
84	移动安全	Duo Security	美国	融资	7000	Meritech Capital Partners
85	物联网安全	Zingbox	美国	融资	2200	戴尔技术资本
86	物联网安全	Argus	美国	融资	40000	大陆集团
87	云安全	HyTrust	美国	融资	3600	Advance Venture Partners
88	安全检测	Attivo Networks	美国	融资	2100	Trident Capital Cybersecurity
89	物联网安全	安点科技	中国	融资	681	—
90	安全运营	兰云科技	中国	融资	757	国机资本
91	物联网安全	Mocana	美国	融资	1100	Sway Ventures
92	移动安全	Symphony	美国	融资	6300	—
93	云安全	Aporeto	美国	融资	1120	Norwest Venture Partners
94	终端安全	CounterTack	美国	融资	2000	Singtel Innov8

附录 3

2017年全球网络安全创新500强名单（前100名）

排名	公司	专业领域	所在国家
1	Herjavec Group	网络安全咨询与运行支持	加拿大
2	IBM Security	信息安全服务	美国
3	Raytheon Cyber	企业IT安全解决方案	美国
4	EY	统一威胁管理	英国
5	Mimecast	威胁检测与预防	美国
6	KnowBe4	威胁保护和网络安全	美国
7	Cisco	企业安全解决方案	美国
8	Sophos	微软 Exchange 电子邮件安全	英国
9	Sera-Brynn	高级威胁防护	美国
10	Lockheed Martin	网络风险管理	美国
11	Clearwater Copmpliance	风险管理与合规	美国
12	Forcepoint	数据中心与云安全	美国
13	Thycotic	IT治理、风险与合规	美国
14	BAE Systems	端点，云和移动安全	英国
15	CyberArk	网络安全咨询服务	以色列
16	Digital Defense	反病毒与恶意软件防护	美国
17	Rapid7	安全数据与分析解决方案	美国
18	Palo Aptp Networks	特权账户管理	美国
19	DFLabs	自动化事件与泄密响应	意大利
20	FireEye	网络威胁保护	美国
21	Symantec	托管安全风险评估	美国
22	Booz Allen	安全即服务	美国
23	Code DX	软件保证分析	美国
24	耐誉斯凯	支持云的DDoS缓解	中国
25	Telos Corporation	通信服务	美国
26	Check Point Software	云安全与合规	以色列
27	RSA	网络安全风险管理	美国
28	Proofpoint	恶意软件和反病毒解决方案	美国
29	BT	服务器、云和内容安全	英国
30	Deloitte	全球风险管理服务	美国
31	Trend Micro	端点与服务器安全平台	日本
32	PwC	网络安全咨询和建议	英国

附录 >> 附录3 2017年全球网络安全创新500强名单（前100名）

续表

排 名	公司	专业领域	所在国家
33	Ziften	端点威胁检测	美国
34	Kaspersky Lab	DDoS 网络攻击防护	俄罗斯
35	SecureWorks	网络安全解决方案和服务	美国
36	Carbon Black	安全漏洞扫描	美国
37	Checkmarx	软件开发安全	以色列
38	Tenable Network Security	开源软件安全	美国
39	Threat Stack	托管安全服务	美国
40	i-Sprint Innovation	移动和数据安全	新加坡
41	Intel Security Group	云、移动与物联网安	美国
42	AlienVault	反病毒与互联网安全软件	美国
43	Fortinet	网络和数据安全	美国
44	Imperva	数据与应用程序安全	美国
45	AT&T Network Security	托管安全与咨询	美国
46	Northrop Grumman	云安全监控	美国
47	BlackBerry	威胁检测与响应	加拿大
48	SAS Institute	欺诈和安全分析	美国
49	HacherOne	端点数据安全	美国
50	Inspired eLearning	身份与访问管理	美国
51	Accenture	企业安全战略	美国
52	Splunk	大数据安全	美国
53	Gigamon	基于手机的欺诈预防	美国
54	NNT	网络与国土安全	英国
55	L-3	国家安全解决方案	美国
56	SonicWALL	安全与系统管理	美国
57	KPMG	防病毒，恶意软件和威胁防护	英国
58	Veracode	应用程序安全测试	美国
59	Guidance Software	面向所有设备的互联网安全	美国
60	Corero	DDoS 防御与安全解决方案	美国
61	Kroll	防火墙与日志管理	美国
62	Pwnie Express	网络和移动安全	美国
63	Palantir	网络安全分析与防网络欺诈	美国
64	Qualys	DDoS 缓解和保护	美国
65	Verizon Enterprise	网络安全解决方案与服务	美国
66	Webroot	安全分析与威胁检测	美国
67	Pindrop Security	IT 安全与合规	美国
68	Continuum GRC	持续与按需 Web 安全	美国

续表

排名	公司	专业领域	所在国家
69	Tripwire	先进的网络威胁检测	美国
70	Imprivata	面向医疗服务机构的安全	美国
71	F-Secure	数据加密与安全	芬兰
72	SnoopWall	移动设备安全	美国
73	OneLogin	企业身份管理	美国
74	VMware	移动、数据中心与云安全	美国
75	Cimcor	治理、风险与合规	美国
76	Akamai Technologies	安全云与移动计算	美国
77	Illumio	自适应安全平台	美国
78	Radware	应用程序安全与交付	以色列
79	Tanium	网络安全分析	美国
80	A10 Networks	身份与访问管理	美国
81	Leidos	反恐怖活动与国土安全	美国
82	Level 3	网络与托管安全服务	美国
83	MobileIron	移动设备与应用程序安全	美国
84	HPE	公共部门和国防的网络安全	美国
85	Avast	安全意识培训	捷克
86	Malwarebytes	恶意软件检测与防护	美国
87	Darktrace	网络风险管理	英国
88	Illusive Networks	安全即服务解决方案	以色列
89	SentryBay	PC、移动与物联网安全	英国
90	SparkCognition	认知安全	美国
91	CynergisTek	云网络范围	美国
92	Bay Dynamics	信息风险情报	美国
93	PhishMe	商业保证技术	美国
94	Arbor Networks	DDoS 攻击与威胁	美国
95	CYREN	Web、电子邮件与移动安全	美国
96	Unisys	端点与 IT 基础设施安全	美国
97	PKWARE	企业网络安全	美国
98	Cato Networks	云网络安全	以色列
99	Digital Guardian	数据丢失预防	美国
100	Claroty	基于云的恶意软件防护	以色列

附录 4
全球著名机构关于 2018 年工业信息安全预测

一、Gartner

预测 1：到 2021 年，至少有 1 家公司将公开承认因恶意软件 / 勒索软件的攻击而造成业务中断，造成的损失将达到 10 亿美元。

2017 年，联邦快递 FedEx 等公司由于恶意网络攻击造成的财务损失高达 3 亿美元，由于恶意软件主要通过用户发起的行为（如电子邮件附件）来传播，以获取渗透攻击的权限，预计这种情况会进一步恶化。在恶意软件 / 勒索软件攻击普及化的环境下，企业需要增强主动防御机制和响应速度，修复受损数据，并将系统恢复到正常状态，其中数据保护 / 恢复和数据副本多样性变得更加重要。

预测 2：预计到 2022 年，10% 的企业在安全技术评估流程中将弃用 RFP（请求建议书），而使用更敏捷的流程，包括竞争和战略指引。

越来越多的安全技术转向了云计算，不管是订阅模式还是按需付费模式，企业将会有更多方式来评估安全技术，缩短复杂的 RFP 流程。RFP 的流程将会慢慢地演变，通过调整评分，增加对现场评估的权重，逐步整合竞争和战略指引，作为最终评估的强制性步骤。

二、IDC

预测 1：达成网络安全领域的《日内瓦公约》。现在很多地区因为政治上的原因，都在支持国际网络间谍，准备网络战争。预计差不多三四年后，各国会促成所谓在网络安全界的《日内瓦公约》，实际上要保护用户或者说保护个人，不要因网络战威胁而造成损失。

预测 2：隔离环境将使用"验证已知"技术作为端点安全保护，预计 2020 年将覆盖 20% 的设备。"验证已知"技术类似于沙盒的环境，是纯粹做隔离的，效果会更好。

预测 3：预计到 2020 年，在企业安全支出中，建设集中式安全平台将占据 30% 的份额。

预测 4：预计到 2020 年，全球 2000 强企业将有 60% 部署欺骗防护技术，加大黑客的攻击成本。

预测 5：预计到 2020 年，50% 的安全遥测数据将使用机器学习和认知软件进行加工，从而变得更有用。

预测 6：预计到 2020 年，因为上云、公有云内置安全、云安全提供商等因素，传统安全厂商的收入将下降 25%。

预测 7：预计到 2021 年，在新法规的要求下，50% 以上的企业新项目将要求软件供应商提供风险清单。

预测 8：预计在 2021 年，由于广泛使用开源操作系统而被曝光漏洞影响，全球大约 10% 的 PaaS/IaaS 将存在安全隐患。

三、Forrester

预测 1：政府将不再是唯一可靠的、经过验证的身份供应方

Equifax 公司安全违规事件表明，包括政府在内的任何单一职能实体都不足以保护身份数据，并为大规模消费者提供可信且可靠的身份验证支持——特别是考虑到正有越来越多的客户通过数字化渠道与企业建立对接。

2018 年，美国银行、Capital One、Citi 及富国银行等大型银行将持续扩大其身份验证服务规模。研究人员们同时表示，客户将能够利用银行颁发的凭证登录至政府服务网站。另外，区块链技术也可能参与其中，旨在利用基于联邦政府及银行业联盟的交易数据进行身份验证。

预测 2：脱离混乱，将有更多物联网攻击出于经济效益驱使

Mirai 僵尸网络于 2016 年年底全面肆虐，充分展示了黑客如何通过攻击物联网设备为僵尸网络积累大量成员，并借此组织超大规模的 DDoS 攻击。基于物联网的攻击活动可能会在 2018 年继续增加，包括针对设备与云环境的入侵行为，这主要出于黑客对系统进行勒索或者窃取敏感信息的尝试。

另外，相较于政治、社会或者军事类动机，未来一年的网络犯罪分子可能更多出于经济利益的驱使。我们已经发现，这部分黑客已经有开始着手针对车辆、运营技术及医疗设备部署勒索软件的潜在可能性。

预测 3：区块链将在风险投资与安全供应商发展路线图层面超越 AI 成为新的关注核心

区块链技术能够提供强大的安全性与加密功能，确保领先安全团队借此实现分布式完整性保障、策略变更篡改及交易完整性检测等功能，同时探索如何提高内部部署与云端工作负载的安全性水平。

Forrester 公司预计，区块链技术将在以下各层面中成为一项基础性技术：①证书颁发与认证；② IDV；③通过二进制信誉检查机制抵制恶意软件与勒索软件；④文档真实性与完整性验证。

如今的区块链技术类似于 2016 年的人工智能（简称 AI）技术，将很快成为每家安全厂商都积极跟进的功能。报告指出："我们预测，2018 年将成为新兴企业提供区块链相关安全解决方案的开端，而各主流企业则将争先恐后地更新发展愿景、战略与路线图，以避免在这场革命中落于下风。"

四、卡巴斯基 2018 年网络威胁形势预测

预测 1：更多的供应链攻击

卡巴斯基实验室的全球研究和分析团队跟踪了 100 多个 APT 组织及其活动。这些组织发起的攻击活动异常复杂，令人难以置信，而且拥有丰富的武器资源，包括 0day 漏洞、Fileless 攻击工具等，攻击者还会结合传统的黑客攻击动用更复杂的人力资源来完成数据的窃取任务。在 APT 攻击活动的研究过程中，经常可以看到，高级威胁行为者为了尝试突破某一目标可以花费很长一段时间，即使屡屡失败也会继续变换方式或途径尝试突破，即使攻击目标的安全防护体系非常完善、员工受过良好的安全教育不易成为社会工程学的受害者，或者目标遵循诸如澳大利亚 DSD TOP35 之类的防御 APT 攻击的缓解策略。一般来说，一个能被称为 APT 攻击组织的威胁行动者是不会轻易放弃的，他们会继续寻找防守的突破口，直至找到合适的入侵方法或途径。

当针对目标的所有尝试都失败时，攻击者可能会后退一步，重新评估形势。在重新评估形势的过程中，威胁行为者可能会认定利用供应链攻击比直接攻击目标更有效。即使目标使用了世界上最好的网络防御措施，也同样可能会

使用第三方软件。那么攻击第三方可能是一种更简易的途径，尤其是在原始目标采用了较完善的防护措施的情况下。

2017年，已经出现了几起供应链攻击的事件，包括但不限于 Shadowpad、CCleaner、Expetr/NotPetya。供应链攻击可能是极难识别或缓解的。例如，在 Shadowpad 的案例中，攻击者成功地将后门程序植入 NetSarang 的软件套件中，使用了合法的 NetSarang 凭据签署的恶意程式得以广泛地传播到世界各地，尤其是银行、大型企业和其他垂直行业。在此类攻击中，用户很难察觉到干净的程序包和携带恶意代码的程序包的差异。

根据安全社区的估计，在 CCleaner 的案例中，超过 200 万台计算机受到感染，堪称 2017 年度最大的供应链攻击事件。分析 CCleaner 的恶意代码，关联了另外的几个 APT 组织"Axiom Umbrella"(APT17) 惯用的后门程序。CCleaner 事件也充分证明了 APT 组织为了完成其目标，宁愿拉长战线。

综上所述，我们认为，目前供应链攻击的数量可能比我们察觉到的要多得多，只不过大部分攻击还没有被注意到或暴露出来。2018 年，无论是从发现的关键点还是从实际的攻击点，预计将会看到更多的供应链攻击。通过专业化木马软件，对特定行业或垂直领域的目标进行攻击，将成为一种与"水坑攻击"类似的战略性选择。

预测 2：更多的高端的移动端恶意软件

2016 年 8 月，CitizenLab（加拿大多伦多大学蒙克全球事务学院下属的公民实验室）和 Lookout（美国加州旧金山的一家移动安全公司）发表了对一个复杂的移动间谍平台 Pegasus 的研究报告。Pegasus 是一款所谓的"合法拦截"软件套件，专门售卖给相关机构或其他实体，这款间谍软件与以色列的安全公司 NSO Group（于 2014 年被美国私人股本公司 Francisco Partners 收购）有关，Pegasus 结合了多个 0day 漏洞，能够远程绕过现代移动操作系统的安全防御，甚至能够攻破一向以安全著称的 iOS 系统。2017 年 4 月，谷歌公布了其对 Pegasus 间谍软件的安卓版 Chrysaor 的分析报告。除上述两款移动端间谍软件之外，还有许多其他的 APT 组织都开发了自定义的移动端植入恶意软件。

由于 iOS 的封闭性，用户很少会检查到他们的手机是否被感染了，因此，尽管 Android 平台更脆弱，但在 Android 环境下对恶意软件的检测也更容易一些。

评估认为，在野的移动端恶意软件的总数可能高于目前已公布的数量，但由于监测的缺陷，使得这些移动端恶意软件难以被发现和根除。

可以预见，在 2018 年移动端恶意软件攻击量会继续增加，与此同时安全检测技术也会进一步得到改进，因此将有更高端的 APT 恶意软件被发现。

预测 3：破坏性攻击将继续

从 2016 年 11 月开始，卡巴斯基实验室观察到针对中东地区多个目标的新一波"雨刷"攻击，攻击者在新的攻击活动中使用了一种声名狼藉的 Shamoon 蠕虫的变种（Shamoon 蠕虫曾经在 2012 年针对 Saudi Aramco 和 Rasgas 的攻击活动中出现过）。沉睡了 4 年之久，历史上最神秘的"雨刷"工具之一重新出现在人们的视野中。Shamoon，也被称为 Disttrack，是一个极具破坏性的恶意软件家族，能够有效地将受害者机器上的数据擦除。2012 年攻击活动当天，一个自称"正义之剑"（Cutting Sword of Justice）的组织曾在 Pastebin 上发布了一份针对 Saudi Aramco 发起攻击的消息，因此这次攻击被认为是一次反抗沙特政体的活动。

2016 年 11 月发现了 Shamoon2.0 的攻击活动，目标具有针对性：沙特阿拉伯地区的多个关键部门和经济部门。与以前的变种类似，Shamoon2.0 雨刷器对目标组织的内部系统具有大规模杀伤力。在调查 Shamoon2.0 的攻击活动中，卡巴斯基实验室还发现了一个以前未知的、新型的雨刷器恶意软件，似乎也是针对沙特阿拉伯地区的，这种新型的雨刷器被称为 StoneDrill，很可能与 Newsbeef APT 组织有关联。

除 Shamoon 和 Stonedrill 外，2017 年还有很多影响广泛的破坏性攻击活动，如 ExPetr/NotPetya 攻击。它最初被认为是勒索软件，后来发现原来是一个伪装得很巧妙的雨刷器。紧跟 Expetr 之后的是一些其他勒索软件发起的破坏性攻击，在这些所谓的"勒索攻击"中，受害者恢复他们数据的机会微乎其微；这些勒索软件都是经过巧妙掩饰的雨刷器（Wipers as Ransomware）。一个鲜为人知的事实是，在 2016 年针对俄罗斯金融机构的 Cloud Atlas APT 组织的攻击活动中，Wipers as Ransomware 就已经被广泛使用了。

2018 年，估计这类破坏性的攻击将继续增加，它是网络战中效果最显著的一种攻击类型。

预测4：更多的密码系统被颠覆

2017年3月，美国国家安全局（NSA）开发的物联网加密方案被质疑，再次被iSO驳回。

2016年8月，Juniper网络公司宣布他们的NetScreen防火墙存在两个神秘的后门，其中，NetScreen防火墙采用了Dual_EC算法来生成随机数，如果被一个内行的攻击者利用，就可以解密NetScreen设备上的VPN流量。Dual_EC算法由NSA设计推动通过了NIST标准，而早在2013年，路透社的一份报告就显示，美国国家安全局支付了1000万美元把Dual_EC这个脆弱的算法集成到了RSA的加密套件中。早在2007年，就已经在理论上确认了Dual_EC算法能够植入后门程序的可能性，几家公司（包括Juniper）继续使用该算法（使用不同的常数集，这将使得其在理论上是安全的）。但是，对于APT攻击者而言，可不会轻易放弃入侵Juniper的机会，尽管使用不同的常数集可能使攻击变得更加困难，但他们可以将常数集修改为他们可控制的内容，从而方便地解密VPN流量。

2017年9月，一组国际密码学专家迫使美国国家安全局放弃了两种新的加密算法，NSA原计划将这两套加密算法标准化。

2017年10月，在英飞凌技术股份公司（Infineon Technologies）制作的加密智能卡、安全令牌和其他安全硬件芯片中采用的软件库中，其使用的RSA密钥生成中发现了一个新的漏洞，利用该漏洞攻击者可以进行实际的因数分解攻击，进而计算出RSA密钥的私钥部分。虽然这个缺陷似乎是无意的，但它确实留下了一个问题：从智能卡、无线网络或加密的Web流量中，我们日常生活中使用的底层加密技术到底有多安全？

2018年，预测将有更严重的加密漏洞会被发现并且（希望）被修补，无论是加密算法标准本身还是在特定的实践应用中。

五、赛门铁克2018年网络安全威胁预测

预测1：区块链技术将具有加密数字货币以外的用途，但网络攻击者将专攻货币和兑换

随着区块链技术越来越多地被运用于跨银行结算和物联网领域，它最终

会在加密数字货币以外的领域拥有更多用途。但这些应用尚处于发展初期，还未引起大多数网络犯罪分子的广泛关注。

除攻击区块链本身以外，网络犯罪分子还将攻击存在漏洞的货币交换和用户钱包。货币交易所、零钱包等这些都是最容易攻击的目标，并且能够给网络犯罪分子带来丰厚的回报。此外，受害者也会被引诱在计算机和移动设备上安装虚拟货币挖矿机，从而将CPU和电源控制权转移到网络犯罪分子手中，用以牟利。

预测2：网络攻击者将利用人工智能（AI）与机器学习（ML）技术发起攻击

当下，在讨论网络安全议题时，必然会讨论人工智能和机器学习技术。然而，有关人工智能和机器学习的讨论都专注于如何将这些技术用于保护和侦测机制。2018年，这种情况将发生变化。

2018年，这将会是变化的第一年，是我们在网络安全领域看到人工智能和人工智能比拼的一年。网络犯罪分子将会使用人工智能发动攻击，并且用于探索受害者的网络，而这通常是他们成功入侵受害者系统后最耗费精力的环节。

预测3：针对供应链的攻击将成为主流

供应链攻击一直是传统间谍活动和信号情报运作的主要构成，攻击对象主要为上游承包商、系统、公司和供应商。各国黑客利用人工智能攻击供应链中最薄弱的一环，而这类攻击已经被证明具有很高的成功率。供应链攻击正在逐渐进入网络犯罪空间，并成为主流。借助供应商、承包商、合作伙伴和关键人物的公开可用信息，网络犯罪分子能够在供应链中轻松找到受害者，并向最薄弱的一环发起攻击。2016年和2017年发生了多起针对供应链的高调攻击，2018年网络犯罪分子将大量使用供应链攻击。

预测4：企业仍将难以确保软件即服务（SaaS）的安全性

随着企业开始逐渐推行数字转型战略，并努力提高业务敏捷性，软件即服务（SaaS）将继续呈指数级增长。与此同时，SaaS的普及也会带来诸多安全挑战，这是由于在访问控制、数据控制、用户行为和数据加密等方面，不同SaaS应用之间存在很大差异。虽然这不是新出现的挑战，并且许多安全问题也得到了充分了解，但企业仍难以有效解决这些问题，并需要继续为此努力。

结合全球监管机构发布的有关隐私和数据防护的新的规范，企业或将面临违反相关条例所带来严重的处罚，以及更严重的声誉受损的风险。

预测 5：企业仍将难以确保基础设施即服务（IaaS）的安全性——将有更多由于错误、违规和设计所引起的数据泄露事件

基础设施即服务（IaaS）已经彻底改变了企业的业务运营方式，在敏捷性、可扩展性、创新性和安全性等方面为企业带来诸多优势。同时，它也带来了巨大的风险，简单的错误即可导致严重的数据泄露或导致整个系统沦陷。IaaS 层面以上的安全控制虽然是客户的责任，但传统控制措施却难以与之良好对接，造成混乱、错误和设计问题，导致用户无法高效或适当地应用控制措施，并忽略新的控制措施。2018 年，我们或将看到更多数据泄露事件，企业也将竭力通过改变安全策略，以更好地适用于 IaaS。

预测 6：金融木马对企业所造成的损失仍将超过勒索软件

金融木马是网络犯罪分子牟取厚利的第一批恶意软件。初期，它只是被用作证书窃取工具，如今已经演变成高级攻击框架，能够针对多银行及多银行系统，发送影子交易并且隐藏自己的踪迹。金融木马已经被证明能够帮助网络犯罪分子牟取丰厚的利润。当下，随着银行业务向移动应用的迁移，网络犯罪分子正将攻击方向转向这些平台，以提高攻击的有效性。网络犯罪分子将从金融木马中获得高于勒索软件所带来的更可观的利润。

预测 7：物联网设备将遭受劫持并用于 DDoS 攻击

2017 年，我们看到利用家庭和工作场所中成千上万的存在安全漏洞的物联网设备生成流量而发起的大型 DDoS 攻击。2018 年，这种情况不会改善，网络犯罪分子仍会寻求利用欠佳的安全设置和管理措施的家庭物联网设备来发动攻击。此外，攻击者还会劫持设备的输入/传感器，然后通过音频、视频或其他伪造输入，让这些设备按照他们的期望而非用户的期望操作。

六、趋势科技 2018 年网络安全威胁预测

预测 1：2018 年，勒索软件商业模式仍将是网络犯罪的一大核心支柱，其他形式的数字化扩张则将带来更多收益

2017 年，我们预计网络犯罪分子会立足勒索软件，扩展出其他更多元的

攻击手段。实际情况也确实如此。2017 年，WannaCry 与 Petya 领衔快速传播型网络攻击，Locky 与 FakeGlobe 广播散布垃圾邮件，而"坏兔子"（Bad Rabbit）则针对东欧国家实施漏洞攻击。

我们认为勒索软件不可能很快消失。2018 年其他类型的数字化勒索行为将变得更为普遍。网络犯罪分子一直利用勒索软件作为逼迫受害者支付赎金的有力武器。随着勒索软件即服务（RaaS）在地下论坛的快速兴起，外加比特币作为赎金回收的安全手段，网络犯罪分子正被越来越多地汇聚在这种商业模式当中。

预测 2：网络犯罪分子将探索新的方式利用物联网设备为自身提供收益

数量庞大的数字摄像机（DVR）、IP 摄像机及路由器等物联网设备在 Mirai 与 Persirai 的劫持之下成为分布式拒绝服务攻击（DDoS）的"帮凶"，这一现状也引发业界对于此类联网设备安全缺陷与破坏性能力的关注。近来，以 Mirai 代码为基础的物联网僵尸网络 Reaper 已经被视为一种新的安全违规手段，甚至能够影响不同设备制造商的多种产品。

我们预计除用于实施 DDoS 攻击之外，网络犯罪分子还将利用物联网建立代理，用于混淆其真实位置与网络流量——这是因为执法活动通常需要依靠 IP 地址及日志进行刑事调查及事故后取证。如果网络犯罪分子能够利用匿名设备建立大型网络（在默认情况下运行有默认凭证，且几乎不具备任何日志记录功能），他们则可以此为起点实施网络破坏活动，并保证自身行迹不被发现。

我们预计市场上还将出现更多物联网安全漏洞，这是因为相当一部分制造商会持续发售安全保护能力不足的产品。这类风险解决起来不可能像为 PC 设备打补丁那么简单。这类无法得到确切修复或更新的非安全设备很可能成为中央网络的入口。KRACK 攻击证明，即使无线连接本身也会增加安全风险。这项漏洞会影响到大部分甚至全部采用 WPA2 协议的设备，而这也引发了人们对于 5G 技术安全性的担忧。

七、McAfee 预测 2018 年网络安全趋势

预测 1：机器学习的"军备竞赛"

机器学习可以处理大量的数据，并能够大规模地执行操作来检测和纠正

已知的漏洞、可疑行为及零日攻击。

但是，网络黑客正在利用机器学习为他们的攻击提供技术支持，从防御反应中学习，试图破坏检测模型，并能比防御者更快地利用新发现的漏洞。

为了赢得技术竞争，McAfee 公司建议政企机构必须有效地提高机器判断力和人类战略智力的协调速度。报告指出，只有这样，政企机构才能够理解和预测袭击将如何发生，即使是以前从未见过的攻击。

预测 2：勒索软件攻击者——新的目标和技术

由于用户采用了安全厂商的防御软件和解决方案，以及加强防范教育和安全策略，传统勒索软件活动的盈利能力将会继续下降。网络攻击者将调整目标，从传统目标转向利润更高的勒索目标，其中包括高净值个人、连接设备和企业。

从传统角度看，勒索软件技术的应用将超越个人勒索、网络破坏及组织破坏的目标。这种攻击将带来更大破坏和更大财务影响的威胁，不仅会引发网络犯罪"商业模式"的新变种，而且会加快推动网络保险市场的扩张。

八、ESET 预测 2018 年网络安全趋势

预测 1：对关键基础设施的攻击会增加

2017 年，影响关键基础设施的网络威胁案例屡次登上媒体头条。其中，最有影响力的当属恶意软件 Industroyer，此软件曾在 2016 年攻击过乌克兰电网。攻击关键基础设施，影响的远不止电网，此类攻击还可针对国防和医疗部门、水利、运输，以及主要的制造业和食品生产业。

预测 2：供应链问题

大公司对网络攻击的意识逐渐加强，因而会要求安全团队提升应对措施。但是，中小企业还在纠结这一问题，因为他们一方面要向大公司提供商品和服务，另一方面安全收益通常是负面影响。这种供应链上的问题在 2017 年年初曾影响到娱乐业；例如，新一季美剧《女子监狱》回归时，黑客称拿到了全部剧集，并以此敲诈 Netflix 电视台。这就提醒我们，供应链可以影响整个行业，而这种情况在 2018 年将会持续。

九、IBM2018 年网络安全趋势预测

预测 1：AI 与 AI 的较量

2018 年，网络犯罪将开始利用机器学习来欺骗人类，这意味着我们将会看到越来越多基于 AI 的攻击。对此，网络安全行业需要调整自己的 AI 工具，以更好地应对这种新威胁。

同时，随着 AI 软件逐渐成为主流及其开源化，网络犯罪分子不仅可利用 AI 工具来自动化及加速其当前的攻击活动，还可利用 AI 工具更密切地模仿自然行为以实现社会工程和网络钓鱼目的。在 AI 工具加入后，我们会看到网络犯罪和安全创新之间的"猫捉老鼠游戏"迅速升级。

预测 2：非洲将成为攻击者和目标的新领域

IBM X-Force IRIS 团队认为，随着非洲技术部署和运营的增加，经济的不断增长，当地居民中威胁行为者数量激增，非洲最有可能成为新型有影响力网络事件发生的地区。2018 年，非洲将成为网络威胁新的重点领域：源自非洲的针对企业的攻击及事件预计会增加。

预测 3：身份危机

2017 年被盗的 20 多亿条数据记录将被利用——前所未有的规模。我们可能很快会看到遏制利用被盗数据的立法，企业也将逐渐放弃使用社会安全号码（SSN）等标识符，转而使用 SSN 的替代方案，这包括区块链身份识别解决方案、智能 ID 卡或者电子卡、生物识别技术或者这些方案的组合。企业将转向基于风险的身份验证和行为分析等更安全的做法。

预测 4：勒索软件瞄准 IoT 设备

我们还会看到攻击者开始利用勒索软件瞄准物联网（IoT）设备，而此前勒索软件主要针对台式计算机。而由于诈骗者转向量贩，预计赎金会降低，而且赎金价格会低于用户购买新设备的价格。

另外，那些部署 IoT 安全摄像头、DVR 和传感器的大型企业将受到即将到来的物联网勒索软件浪潮的最大影响。与最近医疗保健行业遭受勒索软件一样，网络犯罪分子将瞄准对运营产生不利影响的基础设施。

十、Malwarebytes2018年安全预测

预测1：基于 PowerShell 的攻击增多

2017年早些时候，黑客入侵了沙特阿拉伯政府的某个机构，目的是通过微软 Word 中的宏病毒使目标计算机感染木马。这次攻击不是检索二进制有效载荷，而是依靠恶意脚本维持设备运行，然后伪装成命令控制服务器的代理与被黑的网站保持连接。这些基于恶意脚本的攻击，特别是基于 PowerShell 的攻击，识别难度特别大。它们可以轻易躲开杀毒引擎，因此特别受到网络犯罪分子的青睐。预计，2018年将有更多这类攻击。

预测2：教育机构将成为首选目标

网络犯罪分子将继续针对最容易突破的端点进行渗透。教育机构通常是受到保护的系统，因而缺乏自己的防御资源。而且，学生、教师和家长之间存在一个个松散的网络，这个网络由看似无限制的端点组成，里面包含了大量私有数据。正如我们所见到的，2017年的数据盗窃通常以最丰富的数据为目标。教育系统似乎是下一个最可能的目标，部分是因为教育系统的数据丰富且安全性能不完整。

预测3：安全软件本身将成为黑客的工具

2018年，网络犯罪分子将利用更多安全软件。通过锁定一些可信程序及软、硬件供应链，攻击者可控制设备，且随心所欲地操纵用户。黑客将利用安全产品达到自己的目的，如直接破坏端点代理或破译和重新定向云传输数据。公众逐渐知晓这些情况后，公众和企业对安全软件，特别是反病毒软件的态度将进一步恶化。

预测4：更多的网络罪犯将利用蠕虫启动恶意软件

2017年，WannaCry 和 Trickbot 利用蠕虫传播恶意软件。2018年，更多的恶意软件将使用这种手段，因为被蠕虫感染的网络传播起来更快。如果黑客找到不容易被发现的蠕虫，那么这种伎俩就能快速积累大量受害者。

预测5：物联网将带来新的数据安全问题

随着医疗设备的联网，日益增长的物联网模式带来许多好处。联网程度

越高就意味着更优的数据，可以助力分析和病患护理，但这也同时对个人健康信息泄露和未授权设备敞开了大门。医疗行业有必要密切审视新时代下的数据连接和病人安全问题。与电子健康记录的转变一样，需要改变安全协议来应对这种新威胁。设备访问应有严格的验证机制，访问应受到限制，且执行严格的审查机制。设备加密是保护这些设备的关键要素，如果不是设备制造商加密，那么应由第三方安全厂商承担加密责任。

十一、Forcepoint：2018 年安全威胁预测

预测 1：加密数字货币攻击的兴起

随着加密数字货币重要性的提升，其中包括将其作为网络犯罪的一种方法，Forcepoint 预测围绕这些数字货币的系统将受到越来越多的攻击。我们预计，针对加密数字货币交易所的用户凭证的恶意软件数量会有所增加，此类网络犯罪分子将把注意力转向那些依赖于区块链技术的系统中的漏洞。

预测：攻击者将瞄准实施区块链技术系统中的漏洞。

预测 2：物联网将成为大麻烦

物联网设备在消费者和商业环境中得到广泛采用，这些设备通常易于访问且不受监控，这些特点使其成为吸引网络犯罪分子的目标网络，他们希望以此实施勒索或者获得在网络上的长久盘踞。尽管这些物联事件的勒索软件很有可能出现，但 2018 年出现的可能性不大。然而，2018 年将出现的新威胁是物联中断。由于物联网保有大量关键数据并提供了被破坏的可能性，我们将会看到针对此领域的攻击，也可能会看到中间人（MITM）攻击的整合。

附录 5
2016 年全球工业信息安全大事记

▶1月

3 日　时任美国总统奥巴马签署的主要网络安全法案包括一项条款，要求国务院在 90 天内公布一项国际网络法规；但中国、巴西、印度和俄罗斯表明了反对观点。

4 日　波罗的海国际航运公会（BIMCO）发布了首个针对全球航运业的船舶网络安全指南，以避免海上网络事故的发生。

5 日　俄罗斯工业控制系统研究人员发布了一系列的工业产品及其初始密码，来敦促供应商实施更好的安全管理，此举可能利大于弊。

8 日　IBM 研究人员发现，一个黑客组织正利用 Rovnix 木马对日本 14 家主要银行发起攻击。其攻击手段主要是向攻击目标发送一封声称来自国际交通运输组织的钓鱼邮件，并在其中植入一个下载程序使目标感染木马。

11 日　美国海军已授予通用动力任务系统（GDMS）一项合同，该合同要求通用动力公司提供持续电子战升级服务，以提高服务舰艇的态势感知能力。

14 日　F5 网络安全营运中心（SOC）发现 Tinba 的恶意软件变体 Tinbapore 正瞄准亚洲银行及其他金融机构，并可能使其损失百万美元。

15 日　纽约州议员马修·蒂顿（Matthew Titone）提出一项新法案：任何 2016 年 1 月 1 日当天或此后生产的、在纽约州销售的智能手机，必须能够解密，并由厂商或其操作系统提供方解锁，该法案旨在禁止在美国销售的智能手机使用强加密技术。

15 日　据 The Hill 网站报道，一份核不扩散观察报告显示，具有重要原子储备或核电站的 20 个国家都缺乏保护其不受网络攻击的政府监管，目前全球核安全缺乏全面、有效的安全体系，依旧受到恐怖分子的核安全威胁。

17 日　美国高通公司与贵州省宣布共建资本达 2.8 亿美元的合资企业，负责先进服务器技术的设计、发展和销售，旨在加深与中国的关系。

18日　世界经济论坛（WEF）在全球风险报告中第3次将网络攻击列为全球十大威胁之一。报告认为，美国最需要关注网络威胁对经济发展的影响，并指出两个经常被忽视的特定领域：移动互联网、机器与机器的连接。

18日　加密后门有被犯罪分子或其他政府发现和利用的风险。法国政府驳回一项建议强制安置加密后门的《数字共和国法修正案》（*France's Digital Republic Bill*）。该法案要求厂商在其产品中给当局安置后门，从而可以访问存储的加密数据。

21日　美国参议院卫生、教育、劳工和养老金委员会推出新草案，该草案是参议院响应《21世纪治愈法案》的工作之一，要求在其他方面改革HIPAA隐私规则，旨在解决一系列重要的医疗IT问题。

21日　美国网络司令部司令迈克尔·罗杰斯（Mike Rogers）阐述美国网络司令部2016年战略优先事项，包括通过发挥更广泛的网络任务能力和扩大国际合作伙伴关系来继续保护国防部网络和系统及存在很多方面漏洞的传统骨干网络结构系统和平台、建立网络安全伙伴关系及网络卫生的网络基本构建模块等内容。

25日　奥巴马政府宣布建立国家背景调查局（NBIB），以代替人事管理局的联邦调查机构，负责对承包商和政府员工进行背景调查。

26日　美国国防信息系统局（DISA）发布相关指南，内容包括来自最近云试点的反馈及对注册应用国防机构云服务流程的描述，旨在帮助国防机构通过云接入点链接到商业云提供商。

27日　英国政府宣布启动新计划，该项投入25万英镑的早期加速计划将为新兴公司提供建议咨询、帮扶支持、筹集资金等具体服务，从而能够大力发展公司产品，并将产品投入市场，加速国家网络安全新兴公司的发展。

27日　美国食品药品管理局（FDA）15日发布了《医疗器械上市后网络安全管理指导草案》，概述了FDA有关医疗器械上市后网络安全漏洞管理的相关建议，包括医疗软件及联网医疗设备等。FDA试图通过该草案的指导原则加强医疗设备全生命周期的网络安全。

28日　欧洲电信标准协会（ETSI）成立了一个工作组进行传输控制协议/网际协议（TCP/IP）的发展工作，以应对现今互联网大部分流量。

31日 黑客组织 AnonSec 公布了 250GB 的无人机数据和一份 300 页的"杂志",详细说明了对 NASA 系统进行长达数月的入侵,并试图劫持一架全球鹰无人机坠入太平洋。

▶ 2月

1日 美国国防部作战测试与评估办公室(DOT&E)发布了 2015 年度报告,报告指出,2015 年国防部网络防御取得重大进展,包括加强某些网络元素的保护、提升领导者对关键任务的网络入侵防范意识,但是国防部网络运营商在网络安全保障方面依然任务艰巨。

2日 美国国防部长阿什顿·卡特(Ashton Carter)表示,国防部 2017 年网络预算投入将达到 70 亿美元,主要用于进一步提升国防部的网络防御,建造更多的网络士兵培训基地,开发进攻性的网络工具和基础设施。

3日 美国参议院多数党领袖 Mitch McConnell 极力吹捧能源政策现代化法案,并鼓励党内人士投票支持该法案。该法案由参议员 Lisa Murkowski 和 Maria Cantwell 推出,旨在帮助国家能源网络抵御恐怖分子网络攻击。

15日 英国国家反犯罪局(NCA)将打击网络犯罪和保护企业免受黑客攻击作为其首要任务。

16日 匿名者黑客组织为了支持 OpAfrica 运动,入侵了南非政府通信与信息系统(GCIS)部门的内部数据库,造成 1000 多名政府雇员个人信息泄露。

18日 美国科技和商业团体联盟敦促奥巴马政府重新谈判一项旨在防止专制政权掌握黑客工具的国际协议。

18日 美国加利福尼亚总检察长 Kamala Harris 发布了该州第 3 个数据泄露报告,报告显示数据泄露的数量及规模均比往年有所增长。

22日 美国联邦调查局 FBI 发布警告称,伊斯兰国的黑客正对美国开展网络攻击,但其中的大部分黑客团体使用的方式并不复杂。

24日 欧盟委员会信息技术总局(EC DIGIT)已和微软、埃森哲(Accenture)、康瑞思(Comparex)公司签订了合同,希望这些公司提供公共云服务方面的专业技术支持。

24日 美国国家情报总监詹姆斯·克拉珀(James Clapper)表示,奥巴马政府仍然不能评估中国是否遵守了 2015 年 9 月提出的停止对美国私人企业进行黑客行为的承诺。

25 日 德勤最新报告发现，爱尔兰的网络安全外商直接投资已达到主要国家水平，可以成为全球领导者。

25 日 美国 FBI 局长欲增 8500 万美元用于网络安全，大部分资金将用于购买性能更优的 IT 产品，以及提供网络安全培训。

25 日 澳大利亚政府在《国防白皮书》中称，为了应对日益严重的网络威胁，国防部网络安全能力将得到加强。尽管如此，澳大利亚对网络的投入仍然较少。

26 日 美国国防部（DOD）希望将 2017 年预算中的 67 亿美元花在网络安全建设上，以使美国军方网络能力提高到一个新的水平。

29 日 美国国防部计划 2021 年前在网络安全方面斥资 347 亿美元，预算显示其在攻击性网络能力、战略威慑和防御性网络安全方面的投资增加。

▶ 3 月

2 日 美国硅谷科技公司表示不愿与国防部合作，以保证其在中国的市场。

2 日 美国国防部部长（Secretary of Defense）阿什顿·卡特（Ashton Carter）警告称，如果硅谷和政府不能合作解决加密辩论，美国存在允许让诸如俄罗斯或中国等国家制定条款标准的风险。

3 日 尽管美国国务院和商务部工业安全局（BIS）均未发布正式声明，但众议员 Jim Langevin 在网上承认，美国当局正在听取网络专家们的意见，考虑修改"瓦森纳协定"。

4 日 美国国防部（DoD）将从 2016 年 4 月起，开展一个旨在提高网络和公共网站安全性的漏洞报告奖励计划，此举被认为是"美国联邦政府历史上第一次漏洞奖励计划"。

4 日 美国国防部正重组其员工队伍，以适应严重依赖网络空间任务所带来的挑战。其将网络 IT 和网络安全的工作人员做了区分，指挥官将依次对人员进行训练和认证。

6 日 韩国未来创造科学部（MSIP）表示，未来部副部长崔在裕 3 日在美国与美国国土安全部科学与技术局副秘书雷金纳德·布拉泽斯举行会谈，商定加强两国网络安全合作。

7日 美国国防部最近发布了一个军事范围内的网络安全纪律执行计划，旨在确保负责网络安全的领导及时指挥，以及报告网络安全的相关进展和困难。

8日 美国国土安全部部长约翰逊在向参议院提交的预算报告中表示，其2016年和未来的首要目标是在政府各部门实施爱因斯坦网络安全系统，吸引有能力的网络防御人才并确保国土安全成功落实统一采购和管理计划。

9日 美国司法部负责人 Loretta Lynch 发表声明，称在有关安全问题的持续争论进程中，司法部将不会提出任何有关加密政策的法案。

10日 ESET 安全机构披露澳大利亚和新西兰的大多数银行的应用程序正面临一种新型恶意软件 Android/Spy.Agent.SI 的攻击威胁。

10日 英国部长 Matt Hancock 在以色列发表讲话，称将全力支持网络安全领域的投资。

11日 韩国政府表示，朝鲜对其的网络攻击数量增加了1倍。据美联社报道，朝鲜曾试图侵入韩国的铁路控制系统和多个金融机构，但均未成功。

14日 美国国防部部长阿什顿·卡特（Ashton Carter）在五角大楼会晤以色列国防部部长（Defense Minister）摩西·亚阿隆（Moshe Yaalon），二人就加强网络领域合作达成共识。

17日 荷兰已经在打击网络犯罪和恶意软件方面筑起"数字堤坝"，欧盟统计局表示，荷兰正在成为欧盟互联网最安全的国家，仅次于捷克。

21日 美国国防部（DoD）准备扩大建设其战略堡垒，第二个网络安全堡垒将在波士顿建立，以此对抗网络攻击者，帮助保卫国家安全。

21日 英国位于伦敦的新国家网络安全中心将于2016年10月开启，并由英国政府通信总部网络总管查兰·马丁和情报机构技术总监 Ian Levy 领导，其初步计划与英国央行共同为金融服务业提供咨询建议。

22日 新加坡网络安全局开展了名为"网络之星"的首个多部门演练，旨在联合不同行业的多家机构，共同应对恶意软件感染或大规模分散式阻断服务攻击等可能毁坏整个机构网络的网络安全事故。

23日　美国国土安全部（DHS）唯一可以"进行"网络安全测试的网络安全渗透测试团队正计划扩展威胁测试能力。

23日　美德双边网络会议于3月22日和23日在华盛顿举行，美国国务院随后发表联合声明，称美国和德国正致力于扩大政府在网络领域的合作。

24日　美国国会目前正在审查一项重组美国国土安全部（DHS）全国防护及计划司（NPPD）的计划，重组将使NPPD从网络和物理保护方面更好地实施其功能。

25日　美国国家标准与技术研究所（NIST）计算机安全部负责人Matthew Scholl表示，NIST计划未来5年聘请15位密码专家，以解决量子密码和轻量级密码等新兴领域的问题。

29日　印度加纳政府正在筹备建立网络安全框架；孟加拉国高层官员鼓励自主研发网络安全系统。

30日　美国国土安全部（DHS）已正式启用"说出你所见"（See Something，Say Something）项目，建立公私网络信息共享平台。

31日　英国和美国将进行实战演习，模拟核电站网络攻击，以测试政府和公共事业的应变能力。

31日　美俄将重启一系列的网络国防双边协议，包括全球首部在IT领域中的互不侵犯条约。

31日　时任美国总统奥巴马表示，将在核安全峰会（Nuclear Security Summit）间隙与中国国家主席习近平继续探讨网络安全问题。

▶ **4月**

1日　Data61与网络伦敦（CyLon）签署了合作协议，今后英、澳两国将分享网络方面的专门技术、丰富资源，从而加快两国的网络安全创新能力。

4日　美国国土安全部发布了移动应用的隐私指导方针，要求由国土安全部开发的或为其开发的移动应用在安装前后提供方便获取的隐私政策。

4日　欧洲网络与信息安全局（ENISA）发布了一份关于欧盟网络危机管理和通行做法的报告，建议采取更有效的网络危机合作和管理。

4日　英国国防部（MoD）预计将花费4000万英镑建立一新的网络安全

行动中心（CSOC），以加强英国网络攻击防御能力。

5日 尽管美国政府依旧在苦苦支撑自己陷入困境的网络防御体系，但是其官员仍在标榜他们所谓先进的网络安全标准，并表示世界上其他国家应该效仿美国的做法来保护自己的在线网络。

7日 美国民主党参议员 Ed Markey 提出了一个为航空业建立严格网络安全标准的法案，以应对越来越多黑客和网络间谍的攻击。

8日 美国和欧盟间新的隐私保护法案 Privacy Shield 即将进行的评估信息泄露，其中的信息表明处于关键地位的欧洲监管部门很可能会拒绝该法案的现有形式。

11日 俄罗斯政府已开始与俄罗斯中央银行联合开发一系列安全措施，以打击最近出现的 Buhtrap 黑客组织。

14日 从事安全基准和评估的公司 Security Scorecard 最新报告显示，美国政府在网络安全领域状况最糟糕。

15日 美国国土安全部（DHS）发布了第4份《网络安全部门实践技术过渡指南》，列出了8项技术，范围从恶意软件分析工具到 Windows 应用保护软件。

19日 美国商务部发布了公共安全分析研发路线图，用于刺激创新及改善公共安全的系列技术，主要集中于为警察、消防员、紧急医疗服务和其他急救人员提供所需的各类服务。

19日 以色列总理内塔尼亚胡和新加坡总理李显龙承诺扩大网络安全合作，共同推进两国高科技贸易关系。

19日 英国互联网提供商、手机厂商和科技企业将不得不在发布前向政府通告最新的产品、服务和功能，以确保可以受到政府监控。

20日 美国空军新指令明确表示，空军将开发武器系统、网络能力和战术、技术和程序来抗击敌人的网络进攻，以确保在敌对的网络环境中持续执行任务。

21日 澳大利亚政府将花费数亿美元，以保护澳大利亚免受外国的网络攻击，并将运用进攻性网络功能来防止可能遭受的网络攻击。

21日 Imperva 公司报告显示，韩国已经成为全球 DDoS 攻击发起点最多的国家，俄罗斯和乌克兰分别列居第 2 位和第 3 位。

22 日　IBM 公司 X-Force 中心的网络安全智能指数报告指出，网络攻击的目标从金融服务领域转向制造业和保健行业。

26 日　美国国会议员提出一项议案，帮助小型企业更好地保护自己免受网络攻击。

26 日　美国国防部高级研究计划局（DARPA）发布一份公告称，希望寻求技术来提高政府归属网络攻击源的能力。

27 日　美国参议院国土安全委员会向奥巴马政府施压，要求加快 A-130 号通告的更新进程。A-130 号通告主要指导机构如何保护他们的信息技术。

27 日　美国参议院批准通过了建立检查物联网发展相关问题的工作组的法案。

28 日　美国国家标准与技术研究院（NIST）发布了有关后量子时代密码的新报告，详细描述了量子计算机研究的现状，并概述了预防此类潜在漏洞的长期手段。

28 日　新加坡电信建立了一个新的设施来帮助企业提高网络安全技能，以及检测公司网络应对网络威胁的能力。

▶ 5 月

2 日　英国国家医疗服务体系（NHS）已经和谷歌达成合作，将 160 万名病人的医疗数据共享给谷歌旗下人工智能公司 DeepMind。

2 日　韩国首尔和美国华盛顿已经同意共同努力发展先进的人工智能技术以应对网络威胁。

3 日　澳大利亚 2016—2017 财年联邦预算显示，澳大利亚政府 4 年内计划用于网络安全战略的 2.3 亿澳元的分配情况，确定网络安全的详细计划。

4 日　朝鲜加强了对本国公民的网络监控。朝鲜政府升级了国家研发的"红星 OS"操作系统，借此追踪所有运行该系统的计算机。

5 日　微软公布的一份网络威胁情报报告表示，黑客行动正变得越来越迅速，且更有针对性。

6日 美国财政部根据总统指示,将通过国家协调和公私伙伴关系的加强,更好地巩固国家关键基础设施安全。

6日 黑客组织匿名者(Anonymous)针对全球银行业发起了OpIcarus运动,并声称将对全球银行发起大规模分布式拒绝服务(DDoS)攻击。

9日 面临越来越多的网络威胁,为应对"第四次工业革命",英国制造商正在敦促加强网络安全计划。

9日 美国联邦贸易委员会(FTC)对移动设备的安全性产生兴趣,并已要求8家移动设备制造商分享其产品制作过程以修补漏洞,并分享安全更新的详细资料。

12日 美国家标准与技术研究院(NIST)投资100万美元,建立8个地区联盟和多方参与伙伴关系(RAMPS),以刺激网络安全人员的教育和发展。

12日 欧洲中央银行创建了应对日益增长的数字盗窃威胁的实时警报服务,此具有开拓性的系统将强制要求欧元区银行及时通知监管机构重大网络攻击事件。

17日 德国联邦宪法保卫局(BfV)表示,2015年针对德国联邦议院(Bundestag)发起的造成计算机系统瘫痪数天的重大网络攻击很有可能是俄罗斯所为。

17日 美国众议院通过了《国家网络安全防范联盟法案》(*National Cybersecurity Preparedness Consortium Act*),旨在帮助州政府和地方政府官员进行对抗黑客的工作。

18日 根据众议院监管委员会(House Oversight Committee)公布的一个新的计分卡显示,美国联邦政府机构在管理和确保其IT系统和采购项目方面取得了一定进展。

18日 StarHub通信公司推出卓越网络安全中心,联合多家工业伙伴、4家高等院校,将在未来5年投入2亿新元,以共同打造新加坡网络安全生态系统。

19日 为保护世界上最大的两个金融中心,伦敦的一项新倡议中提议利用纽约犯罪分子来打击网络攻击。曼哈顿地区检察官办公室将提供2500万美元的犯罪罚款来资助全球网络联盟和伦敦警察局。

20 日　巴西指导委员会的研究表明，监控员工的互联网使用已成为巴西企业的普遍做法，并且监控的发生概率随着企业规模增加而提高。

23 日　韩国和美国政府决定加强网络安全合作后，美国网络安全公司和韩国企业合作，加强伙伴关系。

25 日　美国众议院科学空间和技术委员会通过名为《网络和信息技术研究和发展现代化法案》的众议院 5312 号法案。该法案将鼓励机构专注于提高在网络威胁的检测、预防和康复方面的研究。

25 日　英国政府宣布政府通信总部（GCHQ）的国家网络安全中心为企业提供安全指导。

26 日　欧洲两个主要国际安全机构表示在加密平台创建后门并不是保证系统安全的最好方法，因为创建后门会对隐私和通信安全产生间接伤害。

28 日　各国政府都在努力应对网络攻击和数据泄露的时候，印度需要找到更全面的法律方法和框架来解决网络问题。

30 日　9月8—9日，结构化信息标准促进组织（OASIS）将在位于比利时布鲁塞尔的欧盟委员会召开 2016 无边界网络欧洲（Borderless Cyber Europe 2016）会议。

▶ 6 月

7 日　奥巴马总统和莫迪同意"深化"两国在网络安全问题上的合作关系，并达成《美印网络合作关系框架》备忘录。

10 日　为了应对网络攻击，2017 年 5 月，新加坡政府将切断 10 万台计算机与互联网的连接。

10 日　电子前沿基金会对美国联邦调查局和美国国家标准与技术研究院合作开发纹身自动识别技术提出警告，称其引起了严重的隐私问题。

13 日　韩国外交部表示，国际安全事务大使本周将带团远赴捷克、欧盟和德国，举行"背靠背"政策磋商会议，讨论开展全球合作以应对日益严重的网络安全威胁。

13 日　美国国家标准与技术研究院正在根据用户反馈对网络安全框架进

行更新，并宣布将于 2017 年年初出台一份修订草案。

13 日　据韩国当局称，朝鲜黑客曾对韩国国防公司发动网络袭击，窃取了一批文件资料，其中包括美国 F-15 战斗机设计信息文件。

14 日　美国国防部 2016 年 3 月推出的漏洞奖励计划邀请安全研究人员"入侵五角大楼"，找出了国防系统中超过 100 个漏洞。

14 日　一支由美国政府和航空专家组成的团队已初步达成一项协议，以改善航空业的网络安全。

14 日　欧洲议员对关键基础设施网络安全法案表示欢迎，该法案在 5 月已经获得各国部长们的批准，并将成为各国家设置"客观量化标准"的依据。

15 日　美国众议院国土安全委员会批准了一项法案，将对 DHS 重组，并成立网络和基础设施保护局，新立法提升了美国国土安全部在网络方面所起的作用。

15 日　美国国土安全部和司法部公布了网络威胁共享指南，对《网络安全信息共享法案》进行了进一步说明，旨在让公司、联邦政府和其他行业成员实现信息共享。

21 日　印度尼西亚和韩国央行受到了分布式拒绝服务攻击，但没有造成任何损失。

22 日　美国参议院拒绝了一项旨在允许政府未经授权访问互联网浏览记录的修正案。

23 日　黑客入侵印度航空公司程序，盗窃了价值近 24000 美元的信息。

26 日　中俄两国同意发展全面战略协作伙伴关系，并签署了关于加强全球战略稳定和推进信息网络空间发展的联合声明。

▶ 7 月

1 日　美国国防部（DoD）首席信息官特里·哈尔沃森（Terry Halvorsen）签署《国防部 IT 企业服务框架指南（第 3 版）》，新版本更强调 IT 风险和绩效管理。

5 日　欧盟委员会（EC）提出欧盟第一个网络安全准则，旨在更好地抵御针对关键基础设施服务的网络攻击。

5 日　欧盟将投资 4.5 亿欧元（约 5 亿美元）用于网络安全研究，并呼吁相关企业为该项研究投入 3 倍资金。

6 日　欧洲议会通过了 2013 年提出的网络与信息系统安全指令（NIS），旨在改善 28 个成员国之间的网络安全合作、信息共享及应对数字威胁的能力。

7 日　荷兰电信公司 KPN 推出全国 LoRa 物联网（IoT）网络，荷兰成为全球首个完成全国性物联网网络的国家。

7 日　美国国家地方执法机构将添加互联网安全中心（CIS）的多级信息分享和分析中心（MS-ISAC）及 CIS 关键安全控件作为关键性资源。

12 日　奥巴马政府公布联邦网络安全人才战略，旨在为政府引进和培养网络安全人才。

13 日　保加利亚政府发布了"2020 年保加利亚网络可持续发展"的国家网络安全战略。

13 日　欧盟与北约在网络安全方面达成一致，双方将开展更紧密的合作。

14 日　欧盟议会通过了网络与信息系统安全指令（NIS），预计 2016 年 8 月生效，并将在 2018 年 5 月被纳入国家法律。

15 日　美国卫生与公众服务部（HHS）公民权利办公室（OCR）发布了《健康保险流通与责任法案》（*HIPAA*）的指导方针，以帮助医疗保健机构了解、预防和应对勒索攻击。

15 日　美国国会两党议员提出相同的法案，鼓励机构使用安全的云计算服务来取代对传统系统的依赖。

19 日　国际医疗卫生认证机构联合委员会表示，将推迟解除安全信息禁令。

19 日　澳大利亚政府机构、电信企业及大型的全球科技公司，共同构建了一个专门针对物联网发展的产业组织——澳大利亚物联网联盟。

20 日　全球科技巨头企业联合制定物联网安全标准，赛门铁克（Symantec）和 ARM 公司带头制定了这一领域的开放信任协议（OTrP）。

21 日　孟加拉国中央银行失窃案后，纽约联邦储备银行正研究建立网络盗窃的响应机制。

21日 丹麦全体人民的未加密健康信息，因卫生机构的误操作，被误发送给中国承包商。

25日 荷兰警方、欧洲刑警组织、英特尔和卡巴斯基实验室共同启动了一项名为"杜绝恶意软件"的项目，以对抗全球范围内的恶意软件的威胁。

26日 50名世界级专家共同为汽车制造商编写的用于无人驾驶汽车、联网车辆的网络安全防范的《汽车网络安全最佳实践》正式出版。

26日 时任美国总统奥巴马发布网络事件响应总统令PPD-41，对联邦政府面对重大网络攻击时的响应、协调和应对进行规范。

27日 美国联邦能源管理委员会发布指令，要求改善主干电力系统的网络安全问题，并要求北美电力可靠性委员会（NERC）编制一套新的供应链风险管理标准。

28日 以色列能源部计划建立网络实验室，模拟基础设施的网络攻击并做出响应。

29日 外媒称，中国的黑客组织攻击了越南多个机场的数字标牌显示屏、高架通告系统及机场系统。

▶ 8月

1日 美国国土安全部发布指导方针，帮助各机构正确地向联邦政府报告网络攻击事件。

1日 北约正计划提出一个统一的战略以应对恶意软件和不断复杂化的网络攻击技术。

1日 美国国防情报机构概述了目前来自全球的主要网络威胁因素和实施者。

2日 美国和新加坡签署《网络安全谅解备忘录》，正式确定了两国在网络安全领域的合作关系。

3日 美国国土安全部（DHS）正在考虑是否将选举系统纳入关键信息基础设施。

3日 华为宣布在物联网安全领域取得重大进展，已研发出能够识别并预防因连接新设备而出现的网络威胁。

4日 爱尔兰政府将正式成立一个专门负责预防网络攻击的国家中心。

7日 美国智库大西洋理事会（AC）发布了一份报告，呼吁波兰"保留权利"，通过电子战攻击俄罗斯基础设施。

8日 为缓解澳大利亚网络安全领域人才严重短缺的危机，Optus公司投资1000万美元与Macquarie大学联合成立了网络安全中心。

9日 SRI公司获得美国国防先进研究项目局（DARPA）一份价值730万美元的合同，旨在帮助美国电网在遭受网络攻击后的恢复工作。

10日 美国和印度双方希望在中国举行的G20峰会上签署美—印网络合作框架协议。

11日 巴基斯坦国会通过了《2016网络犯罪法案》。

15日 美国国家反情报与安全中心（NCSC）将提供分类的供应链威胁报告给美国电信、能源和金融行业共享。

16日 美国国土安全部（DHS）给全国13家小型企业拨款，用于新型网络安全技术开发，以解决DHS和国土安全企业的网络安全研究和发展需要。

16日 中国发射了世界首颗量子卫星，这是一项可实现两点间安全通信的创新技术。

17日 巴西3家主要银行和巴西支付系统，以及1家哥伦比亚银行，遭到两种高端银行恶意木马的攻击。

17日 美国能源部投入3400万美元，用于智能电网安全性相关项目研究。

18日 美国国土安全部建立"网络风险分析和政策制定的相关信息集合平台"（IMPACT），以应对基础安全设施所面临的网络威胁。

18日 安全专家警告称，一个以经济利益为动机的、有针对性的网络攻击袭击了全球130多家工业、工程和制造领域的企业。

22日 阿联酋（UAE）首个"网络安全中心"启动运营，该中心将对阿联酋公民进行网络安全培训，给阿联酋的公私企业提供全天候、先进的网络安全监测和网络威胁管理。

22日 俄罗斯中央银行宣布对国内银行实施强制性网络安全规范。

23日 法国和德国宣布推出一项欧洲法律，要求在必要时刻科技公司为执法机构提供访问加密的渠道。

26日 中国全国信息安全标准化技术委员会（TC260）将吸纳微软、思科、英特尔和IBM为成员，这些公司将参与起草网络安全战略。

28日 伊朗确认存在针对石化行业的网络攻击，但却并非导致近期发生的几起石油化工企业火灾事件的原因。

29日 国际自动化学会（ISA）宣布加入加拿大网络安全联盟（CCA-ACC）。

▶ **9月**

1日 印度和英国签署了一份谅解备忘录（MoU），以保持两国在面对网络攻击时的密切合作。该谅解备忘录旨在促进印度和英国之间有关网络安全事件监测、解决及预防网络安全方面知识和经验的交换问题。

1日 北约网络合作防御卓越中心（CCD COE）在爱沙尼亚开展名为"锁定盾牌"的年度网络演习。该演习旨在培养安全专家，负责国家IT系统的日常保护。

2日 美国国家安全局已在全国范围内指定了福赛思技术学院等6所社区大学作为地区网络安全资源中心，这些中心不仅将进行学员培训，还须加强对该领域人才需求的关注。

6日 土耳其交通、海事和通信部表示，土耳其将通过制定一个新的网络安全战略加强防范黑客攻击。

6日 美国国防信息系统局全球作战司令部，最近启用了面积为164000平方英尺（1平方英尺=0.092903平方米）的国防防御专用网络办公设施，DISA全球指挥部将领导DISA进行基础设施的防御工作。

7日 美英两国国防部长签订了一份新的谅解备忘录（MOU），旨在分享更多的网络安全信息。该谅解备忘录的签署尚属首次，将允许两国一起研究和开发网络技术，提高两国网络防御和进攻能力。

7日 北约（NATO）最大的年度网络会议——北约联盟网络安全年度盛会（NIAS 16）于7—8日在比利时蒙斯举行，旨在探讨如何共同应对日益复杂的网络威胁问题。

8日 美国白宫宣布任命 Gregory J. Touhill 为第一任联邦首席信息安全官（CISO）。CISO 将确保政府制定正确的政策、规划及实践，以保持政府21世纪网络安全领先优势。

8日 据报道，英国国家医疗服务系统（NHS）网络安全部门 CareCert 正在推出3项网络安全业务，并将陆续推广到 NHS 各医保分支机构。

9日 美国商品期货交易委员会（CFTC）制定了新的规则，要求美国交易所、结算公司、贸易存储库和交易平台必须至少每季度对其系统漏洞进行一次排查，并开展一年一次的数据泄露恢复测试。

11日 据报道，美韩两国于8—9日在华盛顿举办了第三届"韩美信息通信技术政策研讨会"，并通过了一项联合声明，宣布两国将共同寻求以信息通信技术为基础的新产业的全面合作，以有利于两国数字经济发展。

12日 美英两国国防部长签订网络协议，以支持两国网络领域的合作。据悉，两国将在谅解备忘录的框架下共享网络信息，实施联合研究和开发项目，提高两国的网络攻防能力。

12日 爱尔兰政府准备建立国家网络安全中心（NCSC），以帮助爱尔兰应对网络攻击。NCSC 将负责个人和商业系统、政府网络、国家关键基础设施保护3个主要领域。

13日 美国国家安全局（NSA）和信息技术安全行业认证机构 CREST 签署了一份谅解备忘录（MOU），以推进 NSA 网络事件响应援助（CIRA）认证计划。

14日 英国国家网络安全中心（NCSC）负责人 Ciaran Martin 表示，英国正转向主动积极网络防御。NCSC 正计划开发自动防御系统，旨在面对大容量但相对不成熟的网络攻击时对系统提供保护。

19日 美国众议院对一项有关扩大小企业网络安全援助的《改善小企业网络安全法案》进行投票表决。该法案增加了小企业发展中心（SMBCs）的网络安全援助，包括增加培训次数和加大专家支援力度。

19日 印度储备银行向印度各银行发出最后通牒，要求对网络安全入侵事件必须立即上报，并要求所有银行设立安全运营中心，对网络风险进行实时监控管理。

19日 津巴布韦通信技术、邮政及情报部部长Sam Kundishora表示，计算机犯罪和网络安全相关的法案将每两年审议修订一次。

20日 美国网络指挥部副指挥官James McLaughlin透露，网络指挥部正在建立执行任务的能力，使其能够保护国防部网络并为战斗指挥官提供支持，同时计划帮助国土安全部保护关键的基础设施网络。

21日 美国众议院通过《改善小型企业网络安全法案》，旨在帮助小型企业获得他们需要的网络安全工具，以保护其在危险的数字时代少受网络攻击。

22日 美国众议院通过了《信息技术现代化法案》，旨在对严重过时的联邦机构信息技术设备进行升级。

24日 印度数据安全委员会（DSCI）在新加坡发布了其首个全球宪章，旨在促进网络安全信息和最佳实践交流。

25日 印度德里公立学院将建立国家网络实验室，这是印度首次设立此类实验室，该实验室预计于2018年2月建成。

26日 为美国联邦航空管理局（FAA）提供指导的航空无线电技术委员会（RTCA）起草了一份加强航空行业网络安全的指南，旨在帮助建立航空行业网络安全标准。

27日 美国国土安全部将发布《国家网络事件响应计划（草案）》。该草案遵循7月发布的第41号总统政策指令（PPD-41），旨在发生影响关键基础设施的网络事件时，和利益相关方沟通，协调全国应对网络事件。

27日 澳大利亚战略政策研究所（ASPI）发布了2016亚太地区（APAC）网络成熟度报告，澳大利亚排名超越新加坡，上升到第4位。前3位分别是美国、韩国、日本。

28日 英国国家网络安全中心（NCSC）定于2016年10月1日正式启动，将有助于医疗行业提供一致的网络安全数据。

29日 世界能源委员会发布新报告,称能源部门的网络风险不仅对能源安全至关重要,对国家的恢复力及经济也很关键。如今,能源部门已成为网络攻击的最大目标。

▶ 10月

3日 英国政府宣布,将在伦敦成立国家网络安全中心(NCSC),旨在帮助英国政府更好地抵御网络攻击和应对安全事故。

7日 以色列准备协助印度建立一个全面而有效的网络安全计划(Cyber Security Plan),以应对来自黑客和极端组织的网络威胁。

11日 七国集团(G7)表示,同意制定保护全球金融业网络安全的指导方针,以免黑客入侵跨境银行。

11日 新加坡将推出一项1000万新元的东盟网络能力计划,以加强东盟(ASEAN)国家在网络安全领域的合作。该计划将为网络安全领域的人才培养和网络事件应对提供支持。

14日 欧盟网络信息安全局(ENISA)举办了欧洲最大规模的网络防御演习,旨在保护欧洲的数据。

14日 据国际数据中心预计,到2020年全球网络安全相关的硬件、软件企业的收入将大幅增加,与此同时,全球在网络安全产品上的支出将达1016亿美元。

17日 北约盟军转型司令部(NATO ACT)、北约通信与信息局(NCI)共同发起一项独立研究项目,以简化北约网络能力开发和采购流程。

17日 澳大利亚网络安全中心(ACSC)2016威胁报告显示,澳大利亚企业和政府部门迄今遭受到超过15000起的重大入侵事件。

19日 美国联邦存款保险公司(FDIC)、美联储、货币监理署发布拟制定新规的通告,旨在提升金融行业的网络安全标准。

19日 爱尔兰计划建立一个国家网络安全中心,借鉴9月正式运行的英国家网络安全中心(NCSC)。该中心汇集了所有政府网络安全机构,旨在确保政府网络安全。

19日 澳洲首个网络威胁共享中心作为澳大利亚政府国家网络安全战略

的一部分，将于 2016 年年底在布里斯班（Brisbane）开放。

20 日　德国电信推出一个新的基于云计算的网络安全系统（Internet Protect Pro）。该系统将为公司网络或德国电信云提供 URL 过滤、病毒和恶意软件扫描、测试和评级服务。

22 日　在 Dynatrace 遭受 DDoS 网络攻击后，澳大利亚媒体、银行、保险、零售和酒店网站，同样遭遇了网络中断和干扰。

24 日　新加坡国家研究基金会筹建的网络安全实验室正式启动，将研发应对网络威胁的新技术。

26 日　印度将在 2017 年 1 月建立网络取证、创新和孵化实验室，以解决日益增长的网络犯罪。网络安全实验室将由印度大兰契德里国际公学与网络和平基金会合作承办。

26 日　保加利亚国防部部长表示，保加利亚已经和北大西洋公约组织（NATO）签署了网络防御合作谅解备忘录（MoU）。该备忘录的签署将促进保加利亚与北约的信息共享和专家援助工作。

27 日　美国白宫正在实施一项计划，为联邦各机构创建集中化的网络安全模式，以此指导未来 4～8 年美国联邦政府的网络安全工作。

▶ **11 月**

1 日　日本经济贸易和工业部已建立一套新的资质考核体系，日本政府部门预计在 2020 年之前培养至少 30000 名网络安全专家。

2 日　英国政府将投资设立新网络安全训练营，培训相关的网络技能，如攻击无人机、破译密码等。

3 日　美国国家标准与技术研究所发布了一份《国家网络安全教育人力框架（草案）》，该草案为培养网络安全人才奠定了基础。

4 日　美国军方黑客已渗透进入俄罗斯国家电网、电信网及克里姆林宫命令系统，以使在必要时对俄罗斯重要网络系统使用网络武器攻击。

6 日　印度通信部部长 Tarana Halim 表示，印度政府将通过加强针对网络攻击的监控，进一步提升其网络安全系统。

7日 中华人民共和国第十二届全国人大常委会第二十四次会议上以154票赞成、1票弃权,表决通过了《中华人民共和国网络安全法》。该法将于2017年6月1日起施行。

8日 美国国家标准与技术研究院的网络安全卓越中心表示,将于12月7日前征求对《保护制造业的工业控制系统安全能力评定(草案)》的评论。

9日 德国内阁通过了一项新的网络安全战略,以应对政府机构、关键基础设施、企业和公民面临的网络威胁。

9日 澳大利亚政府宣布将推出网络安全卓越学术中心(ACCSE),旨在通过教育和研究提高澳大利亚的网络安全。这项投资450万澳元的项目将帮助解决澳大利亚网络安全专业人员短缺问题。

10日 澳大利亚政府任命信息安全学术和政策顾问托比亚斯·费金(Tobias Feakin)为第一任"网络大使",费金将担任4月澳大利亚政府制定的网络安全战略中提出的外交角色。

11日 英国国家计算机安全中心(NCSC)将针对美国"主动网络防御计划"提出的每项计划,与相关部门合作进行测试和验证。

11日 美国国家标准与技术研究所(NIST)和海事行业将联合创建海上设施的首个网络标准,以保护计算机系统。

11日 新西兰通信部部长Amy Adams宣布,将成立一个网络安全工作组,旨在解决新西兰网络专业人员的短缺问题。

14日 欧洲网络与信息安全局(ENISA)发布了第2份国家网络安全战略(NCSS)的良好实践指南,对2012年NCSS指南中的战略设计和实施进行更新。

14日 以色列国防部确定将2017年作为该国的网络安全出口年。以色列国防部国际防务合作理事会(SIBAT)称其正努力将以色列网络行业和世界各国的需求相连接。

16日 新西兰国防部部长Gerry Brownlee概述了截至2030年前,高达200亿新元的国防设备投资计划;表示对于网络能力方面的投入,如软件采购,将逐年加大,以跟上技术发展步伐。

16日　美国共和党拟制定"更深程度"的联网设备标准，以防止再次发生大型的网络攻击事件。立法者都认同联网设备存在易受到攻击的漏洞，但应制定怎样的制度以改善安全性，还没有达成一致意见。

21日　国际信息系统审计协会（ISACA）在新加坡举办了首次亚太地区大会。此次大会的目的是帮助各组织建立合格的网络安全人才队伍。

22日　美国当选总统唐纳德·特朗普表示，将委派国防部（DOD）和参谋长联席会议主席制订一个防止美国关键基础设施遭受网络袭击的全面计划。

22日　美国计算机紧急响应小组（US-CERT）正在实施新的网络事件通知指南，新指南将于2017年4月1日生效。

24日　澳大利亚政府取消了公共安全机构提出的设立专用移动通信网络的建议。

▶ **12月**

1日　奥巴马政府的网络安全委员会将向其提交关于加强国家网络安全的最终报告，目的是作为一份过渡文档，帮助下届美国政府开展网络安全工作。

5日　奥巴马政府已建议当选总统特朗普执行全面的网络安全策略，包括进行10万名"白帽黑客"的培训。

5日　马来西亚数字经济公司（MDEC）与保护国际集团（PGI）签订协议，将共同建立马来西亚网络安全学院——英国—亚太地区网络安全优秀人才中心。

5日　美国白宫宣布，将采取新措施促进12年制基础教育中的计算机教育发展。

6日　中国与美国于本周在美国举行关于网络犯罪和相关问题的第3次高级别对话。

7日　北约外交部已批准了关于深化与欧盟合作的42项提议，包括双方将共同提高网络安全防御能力、增加网络空间互动合作、促进双方网络空间安全研究等方面。

9日　俄罗斯五大金融机构近日均遭受僵尸网络发起的分布式拒绝服务网络攻击（DDOS），攻击起源于被黑客入侵的家庭路由器。

9 日　英国政府已发布有关 2015 年国家安全战略（National Security Strategy）实施的审查报告。该报告重申将致力于在英国建立一个强有力的网络安全防御系统。

12 日　白宫和加拿大政府发布了《美加联合电网安全和弹性战略》，以实现两国在 3 月份达成的《气候、能源与北极领导力联合声明》中的承诺。

20 日　美国众议院驳回了关于加密技术立法的相关建议，并表示国会不会削弱这些违背国家利益的关键技术，但也不忽视执法和情报机构的需要。

21 日　乌克兰继 2015 年因网络攻击导致大规模停电后，在 17 日又一次出现大范围停电现象。此次断电可能是由于 Ukrenergo 遭遇网络攻击，目前结果仍在调查中。

21 日　奥巴马政府近日称，美国未来经济增长中最重要的一项将是投资发展人工智能。

23 日　美国国家标准与技术研究院（NIST）公布一份《网络安全事件恢复指南》，以帮助联邦机构在遭遇网络事件后制订恢复计划。

参考文献

[1] 吴世中. 以色列网络安全产业的创新及其启示[J]. 网境纵横, 2016, (06): 67-74.

[2] 36氪研究院. 未雨时绸缪, 防患于未然——网络安全行业研究报告[R]. 2016.

[3] 智联招聘&360互联网安全研究中心. 网络安全人才市场状况研究报告[R]. 2017.

[4] 陈鹏. 东南亚国家信息安全建设新观察[J]. 网境纵横, 2014, (09): 88-92.

[5] 上海社会科学院互联网研究中心. 全球网络安全企业竞争力研究报告[R]. 2017.

[6] 思科. 2017年年度网络安全报告[R]. 2017.

[7] 国家工业信息安全发展研究中心. 工业信息安全态势白皮书（2017年）[R]. 2017.

[8] 洪鼎芝. 从工业文明到信息文明[M]. 北京: 世界知识出版社, 2016.

[9] 张捷. 网络霸权: 冲破因特网霸权的中国战略[M]. 武汉: 长江文艺出版社, 2017.

[10] 麦肯锡. 12项决定未来经济的颠覆性技术报告[R]. 2013.

[11] 电子一所. 工业互联网: 新旧动能转换的强大动力[J]. 新型工业化, 2017, 7(6).

[12] 尹丽波. 世界网络安全发展报告（2016—2017）[M]. 北京: 社会科学文献出版社, 2017.

[13] 保罗·沙克瑞恩（Paulo Shakarian）, 亚娜·沙克瑞恩（Jana Shakarian）, 安德鲁·鲁夫（Andrew Ruef）, 等. 网络战: 信息空间攻防历史、案例与未来[M]. 吴奕俊, 等, 译. 北京: 金城出版社, 2016.

[14] 习近平在"一带一路"国际合作高峰论坛开幕式上的演讲[N]. 新华网. 20170514.

[15] 仇新梁, 董守吉. "震网"病毒攻击事件跟踪分析和思考[J]. 保密科学技术, 2011(5): 35-37.

[16] 罗雨泽. "一带一路": 和平发展的经济纽带[J]. 中国发展观察, 2015(1): 50-52.

[17] 杜德斌, 马亚华. "一带一路": 中华民族复兴的地缘大战略[J]. 地理研究, 2015, 34(6): 1005-1014.

[18] 任为民. 设施联通: "一带一路"合作发展的基础[J]. 求是, 2017(11): 13-14.

[19] 黄群慧. "一带一路"沿线国家工业化进程报告[M]. 北京: 社会科学文献出版社, 2015.

[20] 娜塔莎·科恩, 雷切尔·赫尔维, 吉特·明科查兰亚, 等. 网络安全驱动增长[J]. 信息安全与通信保密, 2017(11): 40-57.

[21] 灯塔实验室. 工控安全与国家安全[N]. plcscan.org/blog/2016/04/ics-security-and-national-security/.

[22] 雷锋网. 我们的工业安全究竟有多脆弱? [N]. www.sohu.com/a/57323314_114877.

[23] 安全加. 2018工控安全发展趋势8个方向直击工业控制系统要害［N］. http://toutiao.secjia.com/2018-ics-predictions.

[24] 界面. 孟加拉国央行是怎么弄丢1.01亿美元的？［N］. http://www.jiemian.com/article/581770.html.

[25] 触目惊心的网络战已开打 我们准备好了吗？［N］. 第一财经，20170918.

[26] 灯塔实验室. 网络安全强国——以色列的工控安全之路［N］. plcscan.org/blog/2017/01/development-path-of-ics-cybersecurity-in-israel/.

[27] 2017年恐袭地图. 维基百科. https://storymaps.esri.com/stories/terrorist-attacks/?year=2017.

[28] 杨承军. 乌克兰剧变：网络斗争启示录［N］. 中国国防报，2014-03-11(011).

[29] iDefense全球威胁调查报告（GTRR）：The Cyber Threat Landscape in India.

[30] IDF Lab. 印度网络威胁概览［N］. www.freebuf.com/articles/network/49464.html.

[31] E安全. 爱沙尼亚的网络安全建设及其在北约网络安全进程中的作用［N］. www.yxtvg.com/toutiao/5037442/20170506A01NZC00.html.

[32] Cybersecurity Ventures. 2017年度网络犯罪报告［R］. https://cybersecurityventures.com/2015- wp/wp-content/uploads/2017/10/2017-Cybercrime-Report.pdf.

[33] 国脉电子政务网. 以色列网络安全产业的创新及其启示［N］. www.echinagov.com/news/45441.htm.

[34] 中国电子报. 我国工控安全核心技术攻关取得一定成果［N］. http://www.cinic.org.cn/hy/zh/399205.html.

[35] 金雅拓和波尼蒙研究所. 各国对待云数据保护的态度差异较大［N］. http://www.c114.com.cn/security/4355/a1040391.html.

[36]《环球》杂志. 新加坡：网络安全政策再升级［N］. www.xinhuanet.com/globe/2017-08/04/c_136470722.htm.

[37] 杨建新. 从古代丝绸之路的产生到当代"丝绸之路经济带"的构建——亚欧大陆共同发展繁荣和复兴之路［J］. 烟台大学学报（哲学社会科学版），2016，29(05)：64-78.

[38] 清科研究中心. 2016"工业4.0"海外投资报告［R］. 2010706. http://www.199it.com/archives/492286.html.

[39] 腾讯. 2017年度互联网安全报告［R］. 2017.

[40] 中国网. 2017年网络安全行业大事记［N］. 20180207. http://tech.china.com/article/20180207/20180207106225.html.

[41] 新华网. 新加坡：网络安全政策再升级［N］. www.xinhuanet.com/globe/2017-08/04/c_136470722.htm.

[42] 国家信息中心. 2016—2017年度亚太地区网络空间安全综述［R］. http://www.sic.gov.cn/News/91/8703.htm.

内 容 简 介

本书紧扣"一带一路"倡议，从"打造命运共同体"的视角，立足国家安全、产业发展、创新动力、开放合作、文明发展五大维度，阐释"一带一路"沿线国家工业信息安全发展的现状，以及我国开展共建、共商、共享的努力。全书共6篇，第一篇分析网络攻击由"虚"转"实"的过程，揭示网络技术在不同使用者手中的矛盾属性，从而引发在网络空间治理中国家博弈与竞合的微妙思考；第二篇至第六篇依次将工业信息安全定位为和平之路的稳定锚、繁荣之路的发动机、创新之路的新动力、开放之路的先行军、文明之路的守卫者，从工业化初期、中期、后期及后工业化时期信息安全发展等角度，对"一带一路"沿线国家进行分类，阐述不同类型国家在工业信息安全方面的努力、成效、需求，并提出针对性的合作方案。另外，本书从安全、产业、创新、开放、文明等角度着眼，分析我国与"一带一路"沿线国家开展工业信息安全合作的契合点和面临的困境，并提出开展工业信息安全合作的新思路。

全书内容深入浅出、通俗易懂，既是对工业信息安全发展的纪实，又是对开展工业信息安全国际合作、构建开放工业信息安全格局的思考。

未经许可，不得以任何方式复制或抄袭本书之部分或全部内容。
版权所有，侵权必究。

图书在版编目（CIP）数据

"一带一路"工业文明. 工业信息安全 / 尹丽波，汪礼俊，张宇著. —北京：电子工业出版社，2018.10
ISBN 978-7-121-35180-8

Ⅰ. ①一… Ⅱ. ①尹… ②汪… ③张… Ⅲ. ①工业经济－信息安全－区域经济合作－国际合作－研究－中国 Ⅳ. ①F125.5

中国版本图书馆 CIP 数据核字（2018）第 230155 号

策划编辑：李　敏
责任编辑：李　敏　　特约编辑：白天明
印　　刷：北京盛通商印快线网络科技有限公司
装　　订：北京盛通商印快线网络科技有限公司
出版发行：电子工业出版社
　　　　　北京市海淀区万寿路 173 信箱　邮编：100036
开　　本：720×1000　1/16　印张：16.75　字数：303 千字
版　　次：2018 年 10 月第 1 版
印　　次：2022 年 4 月第 2 次印刷
定　　价：119.80 元

凡所购买电子工业出版社图书有缺损问题，请向购买书店调换。若书店售缺，请与本社发行部联系，联系及邮购电话：（010）88254888，88258888。
质量投诉请发邮件至 zlts@phei.com.cn，盗版侵权举报请发邮件至 dbqq@phei.com.cn。
本书咨询联系方式：limin@phei.com.cn 或（010）88254673。